科学施肥和节水农业

百问百答

全国农业技术推广服务中心 编著

中国农业出版社

北 京

图书在版编目（CIP）数据

科学施肥和节水农业百问百答／全国农业技术推广服务中心编著. -- 北京：中国农业出版社，2024.9（2025.9重印）. ISBN 978-7-109-32549-4

Ⅰ. S365-44

中国国家版本馆 CIP 数据核字第 20243461F2 号

科学施肥和节水农业百问百答
KEXUE SHIFEI HE JIESHUI NONGYE BAIWEN BAIDA

中国农业出版社出版

地址：北京市朝阳区麦子店街 18 号楼

邮编：100125

责任编辑：魏兆猛

版式设计：王　晨　　责任校对：吴丽婷

印刷：中农印务有限公司

版次：2024 年 9 月第 1 版

印次：2025 年 9 月北京第 3 次印刷

发行：新华书店北京发行所

开本：880mm×1230mm　1/32

印张：3.75

字数：69 千字

定价：30.00 元

FOREWORD 前 言

    有收无收在于水，收多收少在于肥。肥料是作物的粮食，水利是农业的命脉，肥水是全方位夯实粮食安全根基的物质基础、绿色高质量发展的关键支撑、农业提质增效的核心要素。

    党和国家高度重视肥水事业发展，始终把科学施肥和节水农业作为保障粮食等重要农产品安全稳定供给、破解资源环境约束的重大举措，通过实施测土配方施肥、化肥减量增效、绿色种养循环、旱作节水农业、高效节水灌溉、节水增粮等重大项目，促进肥水技术进步和推广应用，为保障国家粮食安全、农产品质量安全和生态环境安全发挥了重要作用。

    近年来，社会上有人将农产品品质下降、土壤板结退化、区域地下水超采、农业面源污染等问题全部归结为农业肥水利用，甚至出现了"妖魔化"化肥的现象。为回应社会关切、消除公众误解，宣传普及肥水高效利用技术知识，经问题征集、专家研讨，我们编写了《科学施肥和节水农业百问百答》，以期让更多人了解科学施肥和节水农业，为肥水事业发展营造良好社会氛围。

由于时间仓促及水平所限，疏漏之处难免，敬请读者批评指正。

编著者

2024 年 7 月

CONTENTS 目 录

节水农业篇

第四章　节水农业的重要性 ··················· 53

科学施肥篇

KEXUE SHIFEI PIAN

第一章

科学施肥热点问题

第一节 肥料与粮食产量

QUESTION

1 为什么说肥料是粮食的"粮食"?

植物生长除了需要阳光、空气和水之外,还要吸收大量的矿质营养元素,如氮、磷、钾、钙、镁、硫等。就像人要吃饭一样,植物也要"吃饱吃好",才能苗壮成长、高产稳产。万物土中生,植物所需的矿质营养元素主要从土壤中吸收,每次收获必然要从土壤中带走一定量的养分,随着收获次数的增加,土壤中的养分会越来越少。若不及时施肥,土壤肥力就会逐渐下降,产量也会越来越低。为了保持土壤肥力、维持可持续生产,就必须把植物带走的养分以施肥的方式归还给土壤。这个理论叫养分归还学说,是德国化学家李比希于1840年提出来的,是现代科学施肥最重要的理论依据。

在当前农业种植强度大、产量需求高的情况下，单纯依靠土壤养分供应，无论从数量上还是时间上，都无法持续不断地满足作物高产优质的需求，主要有 3 个原因：①土壤养分含量较低，供应量往往低于作物对养分的需求量，特别是氮、磷、钾等大量营养元素。②土壤养分供应与作物需求在时间和空间上不匹配，土壤中的养分不能满足作物快速生长阶段的集中需求。③土壤养分总量有限，不能满足连续高产种植的需求。肥料不仅能为作物生长直接提供营养物质，还能补充土壤中因作物生长带走的养分。所以说，肥料是作物的"粮食"，种地离不开施肥。

QUESTION
2 为什么说化肥是人类科技发展的结晶？

科学的发展从来都是服务人类进步和技术革新的。化肥是工业革命最伟大的技术成果之一，凝聚着一代代科学家的心血和智慧。化学氮肥起源于欧洲，1800 年，英国率先从工业炼焦中回收硫酸铵作为肥料，后来被形象地称为"肥田粉"。1842 年，英国科学家鲁茨制成了磷肥——普通过磷酸钙。1861 年，德国开采光卤石钾盐矿，提取出了钾肥——氯化钾。1909 年，德国化学家哈伯提出了合成氨工艺，于 1913 年在德国建立了世界上第一个合成氨工厂，结束了人类完全依靠天然氮肥的历史，揭开了化肥工业的序幕，实现了氮肥的规模化生产和充足供应，他也因此获得诺贝尔化学奖。全球肥料日（10月13日）就是为了纪念哈伯-博世（Haber－Bosch）发现合成氨技术而设定的。

经过200多年的发展，化肥已经形成了完整的产、供、销、用体系，可以为农作物精准提供各种营养元素，彻底突破了传统农业完全依赖于地力自然恢复的瓶颈。正是化肥的施用维持了不断增长的世界人口的充足营养，为消除饥饿、实现粮食安全、改善营养状况和促进农业可持续发展作出了重要贡献。可见，化肥是人类科技的结晶，农业生产离不开化肥。化肥施用既要改变"越施肥越增产""水大肥勤不用问人"等错误观念，也不能走向极端，把化肥妖魔化，"一刀切"地否定化肥。我们必须科学理性地认识化肥，正确合理地施用化肥。

3 QUESTION
为什么说不用化肥中国人就会挨饿？

在我国几千年的农耕文明历史中，主要靠施用有机肥提供养分，粮食产量长期处于较低水平且增长极其缓慢。秦汉至清代2 000余年间，我国小麦的亩①产量仅从100

———

① 亩为非法定计量单位，1亩＝1/15公顷。——编者注

斤^①增长到 200 斤左右。随着人口的不断增长，人们对粮食的需求越来越多，只施用有机肥已经不能满足粮食安全的需要。如同人类吃饭一样，植物也需要"吃饱"才能获得高产，能快速让植物吃饱的"饭"就是化肥。新中国成立以来，得益于化肥普及、品种更新、农机使用等，当前我国小麦亩产达到 700～800 斤，高产地区达到 1 300 斤。

据联合国粮食及农业组织（FAO）统计，化肥施用对作物单产提升的贡献在 50% 左右，全球一半的人口是靠化肥养活的。化肥施用使我们摆脱了贫困和饥荒，是大家吃饱吃好、吃得营养健康的基础保证。很多田间试验证明，如果不施用化肥，3 年内作物产量就会降低一半以上。我国是人口大国，如果完全不用化肥，粮食产量将大幅下降，老百姓就会有"饿肚子"的风险。

QUESTION
④ 有机肥为什么不能完全替代化肥？

有机肥指来源于植物和/或动物，施于土壤以提高土壤肥力、提供植物营养等为主要功效的含碳物料，既包括农民自积自造的农家肥，也包括工厂化生产的商品有机肥、生物有机肥等。有机肥的优点是养分比较全面、肥效

---

① 斤为非法定计量单位，1 斤＝0.5 千克。——编者注

较为持久，既能提供养分，还能改善土壤结构、培肥地力。但是有机肥也存在一些短板弱项，比如养分含量低、释放慢，养分比例与作物需求不匹配等，仅施用有机肥不能完全满足作物高产稳产的需要，特别是在作物快速生长阶段会出现供肥不足。化肥养分含量高、释放速度快，肥效迅速，可有针对性地满足作物需要，且用量少，施用方便。因此，有机肥不能完全替代化肥，应将有机肥与化肥配合施用，取长补短，发挥各自的优势，这样才能在数量、种类和时间上满足作物对各种营养元素的需要。

QUESTION

5 过量施用化肥对作物有什么危害？

化肥虽然是作物的"粮食"，但过量施肥也会带来危害，主要表现在以下几个方面：①脱水烧苗。化肥施用过多，会提高土壤溶液的浓度，增大渗透阻力，导致作物根系吸水困难，甚至发生细胞脱水现象，初期使作物叶片发黄萎蔫，继而枯黄死亡，这个过程就像腌白菜一样。②徒长倒伏。作物生长后期过量追施氮肥，会使作物徒长，主要表现为叶片肥大、茎秆伸长较快，容易发生倒伏。植株过早封行，还会影响通风透光，导致病虫侵袭。谚语"麦倒一把草"，说的就是小麦因徒长倒伏造成严重减产。③降低产量品质。例如，水稻磷肥施得过多可能会导致营养期缩短、成熟期提前，产量下降、品质变坏。

QUESTION
6 畜禽粪便为什么不能直接施用？

　　未经发酵腐熟的畜禽粪便直接施到田里危害较大，主要有以下几方面：①引起烧根烧苗。因为没有经过发酵腐熟过程，畜禽粪便施到农田会进行发酵，产生的热量会引起烧根、烧苗，严重时会导致植株死亡。②产生病虫害风险。粪便中含有大肠杆菌、线虫等病菌和害虫，直接施用会导致病虫害传播、作物生病，降低产量和品质，进而对人体健康产生影响。③产生毒气危害。未腐熟的粪便在分解过程中会产生甲烷、氨气等有害气体，对土壤和作物产生危害。④导致土壤缺氧。粪便在腐熟过程中会消耗氧气，使土壤暂时性地处于缺氧状态，抑制作物生长。此外，未发酵腐熟的畜禽粪便中养分多为有机态或缓效态，不能被作物直接吸收利用，只有分解转化成速效养分才能被作物吸收利用，因此畜禽粪便不能直接施用。

第二节　肥料与作物品质

QUESTION

7 为什么说合理施肥可以提高农产品品质？

　　农产品好不好是人们的直观感觉，用科学术语来表述就是农产品品质，具体包括外观、营养、风味、加工、储藏等多个方面，这些品质特性均与肥料施用直接相关。有人认为施肥降低了农产品品质，事实上合理施肥会极大地改善农产品品质，具体表现为：①合理施肥能提供充足的营养，改善农产品外观品质，大小均匀、色泽好。②科学搭配养分比例，有利于提高农产品营养品质，营养成分充足、均衡。③改善农产品风味品质，香甜可口、味道好。④改善农产品加工储藏品质，延长储藏期，商品性好。

QUESTION

8 怎样施肥才能让瓜更香、果更甜？

　　瓜果的香甜与自身品种、种植方式、土壤气候、水肥条件等多种因素都有关系，施肥是其中重要的一项。想要瓜香果甜，营养平衡最重要，必需的营养元素缺一不可，同时要搭配合理。化肥的养分明确、含量高，易于配合施用，缺什么加什么，再加上有机肥料的科学施用，就能够让瓜果的味道回归"小时候的味道"。如果盲目追求大果和超高产，大量投入氮肥，忽视其他元素配合，会导致作物代谢平衡被打乱，虽然果实很大、产量很高，但水分多，可溶性固形物、糖度跟不上，品质和风味反而会降低。

9 QUESTION 营养元素缺乏会导致"歪瓜裂枣"吗？

农产品的大小和色泽等外观品质与多种元素有关，在养分供应不足或不平衡的情况下，很容易出现"歪瓜裂枣"现象，甚至导致一些生理性病害。科学研究发现，当苹果缺钙时，易感染苦痘病和乔纳森斑病，番茄缺钙时脐腐病的发病率也会迅速增加，因为钙是细胞壁的组成成分，缺钙导致细胞壁不能正常形成，对真菌及病虫害的屏蔽作用下降。缺硼导致花而不实，块根根裂，因为硼也是细胞壁的组成成分，缺乏时细胞壁骨架结构不完全，连接不紧密，细胞间易分离，表现出根裂等症状。缺硼也会使苹果果实内部木栓化，果肉凹陷，引起"缩果病"。缺镁会引起芹菜下部叶片边缘黄化，使甘蓝、花椰菜外部叶片叶肉变薄甚至叶脉间出现黄化网纹。缺锌会使葡萄果实大小和着色不均匀，严重影响农产品品质。所以说，优质的农产品必须要合理施肥、营养均衡。

10 农产品的营养价值与施肥有关系吗？

农产品中营养元素含量与施肥直接相关，化肥施用能有效提高农产品营养物质含量，其中最重要的是蛋白质含量的提升。新中国成立以来，氮肥的施用大幅度提高了粮食作物蛋白质含量，如小麦蛋白含量从 9％ 提高到了 13％。化肥施用也提升了农产品中微量元素的含量，尤其在我国地带性营养元素缺乏的地区。例如西北石灰性土壤锌的有效性很低，因作物缺锌导致饮食摄入锌不足的问题十分普遍，是造成当地居民营养不良的关键因素。施用锌肥后可以将小麦籽粒锌含量提高近一倍，有效缓解居民缺锌的现象。

第三节 肥料与生态环境

QUESTION
11 施入土壤的化肥都去哪了？

化肥施入土壤后主要有 3 个去向：①被当季作物吸收利用。②残留在土壤中，作为土壤养分可以被下一季作物吸收利用。③损失到大气和水体环境中。所以，不能简单地说当季未被植物吸收的养分就全部损失到环境中去了，实际上其中大部分养分留在了土壤中，补充了土壤养分库，起到了培肥土壤地力的作用，多数将被后茬作物吸收利用。如果施肥科学合理，大部分养分将被作物吸收或进入土壤中储存起来，只有少量养分通过挥发、径流或淋溶损失。

QUESTION
12 肥料利用率能达到100%吗？

不能。肥料利用率也常被称作肥料吸收利用或回收率，一般是指作物整个生长季吸收肥料中的养分数量占施用肥料中该养分总量的百分数。首先，作物吸收量只计算茎、叶、籽粒等地上部，不包括根系的部分，这就限制了肥料利用率不可能达到100%。其次，由于作物根系生长在土壤中，吸收的养分既来源于肥料也来源于土壤。肥料施入土壤中，很难保证将每一粒化肥都"喂"到作物的根系，也很难让根系周围的化肥一直等着被作物"吃"，因此，要让肥料养分当季全部被作物吸收是不可能的，这就是为什么利用率不可能达到100%。采用现代精准施肥技术，可以大幅度提高肥料利用率，一方面能够让肥料用量与作物需求匹配一致；另一方面也可以将肥料施到作物根系附近，利于吸收利用。此外，也要尽可能地把当季没有被作物吸收利用的肥料养分储存到土壤中，让下茬作物继续吸收利用，累计的利用率就会提高。例如采用滴灌水肥一体化技术，就可以将肥料效率提高到80%左右，但是也无法达到100%。

13 QUESTION 化肥是破坏环境的"罪魁祸首"吗？

在个别的媒体上，化肥被指责为破坏生态、污染环境、危害健康的"罪魁祸首"，可事实真的是这样吗？我们都知道植物生长除了光合作用以外，还需要从土壤中吸收一些营养元素，但土壤中的营养元素含量往往是有限的，并随着作物的收获而不断流失，如果不及时补充，土壤就会逐渐贫瘠，生态环境也会变差。通过施用化肥来为植物提供营养，不仅能改善土壤结构、增加有机质含量、提高水分利用率，还能有效地提高植物的生长速度和产量，切实提升农业生产的效率和效益。不合理地施用化肥可能会对环境生态造成影响，过量施肥会造成土壤酸化、水体富营养化、温室气体排放、生物多样性下降、土壤结构变差、土壤盐渍化加剧等问题，但并非最大的"污染源"。因此，我们应该客观地看待化肥，化肥本身没有危害，科学施肥不会破坏环境。

14 QUESTION 施用化肥会造成土壤板结吗？

近年来，土壤健康问题引起了广泛关注，简单地把土壤板结、污染的原因归结为施用化肥，这是对化肥的误解和偏见。20 世纪初，我国刚刚引入化肥，当时只有硫酸铵一种肥料，长期单一施用硫酸铵确实会有造成土壤板结的可能，因为硫酸根离子会与土壤中的钙结合，形成不溶性的硫酸钙。随着现代农业发展，我国肥料品种逐步丰富，硫酸铵已基本不再直接农用，施用化肥已不是土壤板结的罪魁祸首。科学研究发现，土壤板结的主要原因有大水漫灌、淹灌、不合理耕作和农机碾压等。实际上，合理施用化肥不仅能提高农作物产量，还能大大增加作物根系量，再加上秸秆还田，土壤有机质含量会逐步提升，不仅不会造成土壤板结，还能有效改善土壤结构和性质，培肥耕地地力。

QUESTION
15 餐厨垃圾为什么不能用于生产有机肥？

餐厨垃圾的成分复杂，主要包括淀粉类、食物纤维类、动物脂肪类等，还有盐分、油脂等。烧焦、烤糊的蛋白类餐厨废弃物等可能含有有毒有害物质，做成有机肥施用到农田后很容易造成土壤污染。此外，因其含有较高的水分和有机物质，很容易腐烂、产生恶臭、传播细菌病毒。目前的处理方法，难以完全去除餐厨垃圾中的有害物质，如果用于有机肥生产，有可能会污染土壤和水体等，进而对居民健康产生危害。因此，餐厨垃圾不能用于生产有机肥。

第二章

科学施肥基础知识

第一节 作物的"食谱"

QUESTION
16 作物都"吃"些什么？

"庄稼一枝花，全靠肥当家"，作物和人一样，需要不断进食"养分"，才能维持生命。1840 年，德国著名化学家李比希提出了矿质营养学说，指出植物生长需要吸收矿质营养元素。到目前为止，被公认的作物必需营养元素有 17 种，它们是：碳、氢、氧、氮、磷、钾、钙、镁、硫、铜、锌、铁、锰、硼、钼、氯、镍。

从施肥的角度来说，碳、氢、氧主要通过空气、水获得，一般不需要施肥补充。氮、磷、钾在作物体内含量较高、需求较大，占干物重的千分之几到百分之几，被称为"大量元素"。氮、磷、钾三种元素通常都需要以肥料的形式补充，所以特别称它们为"肥料三要素"。钙、镁、硫一般被称为"中量元素"，铜、锌、铁、锰、硼、钼、镍等元素被称为"微量元素"。一般情况下，土壤中含有的中、微量元素都能够满足作物的需要。但随着连年种植以及产量大幅度提升，中、微量元素缺乏症状越来越普遍，某些对中、微量元素特别敏感的作物和较为缺乏的土壤，必须施用相应的肥料进行补充。

QUESTION
17 作物能"偏食"吗？

尽管各种必需营养元素对作物的生理和营养功能各不相同，需要量也不一样，但对作物生长发育都是同等重要的，任何一种营养元素的功能都不能被其他营养元素所代替，这就叫同等重要和不可替代律。作物体内各种营养元素的含量差别可达十倍、百倍，但它们在植物营养中的作用并没有重要和不重要之分。对于微量元素而言，作物需要量很少，但缺少它们时作物的生长发育也会受阻，严重时甚至死亡，这种情况同作物缺少某些大量元素所产生的不良后果一样严重。在施肥的时候，要根据作物需求和测土结果，大量、中量、微量元素配合供应，满足作物生长需求，避免"偏食"。

QUESTION

18 作物是怎么"吃饭"的？

作物吸收养分靠两张"嘴巴"，根系是大嘴巴，叶片是小嘴巴。根系是作物吸收养分和水分的主要器官，也是养分和水分在作物体内运输的重要部位。根系还能在土壤中固定作物，保证直立和正常生长，并能作为养分的储藏库。除了依靠根系吸收养分和水分，作物的叶片也能吸收外源物质，叶片在吸收水分的同时能够把营养物质吸收到作物体内。因此，肥料养分主要是施在土壤中，让作物根系吸收利用，也可以通过叶面喷施来补充。

QUESTION

19 作物的食物从哪里来？

植物所需的碳、氢、氧主要来自空气和水，其余元素主要来自土壤和施肥。以氮为例，土壤中只有少量的氮，远不能满足作物生长需要。空气中虽然有大量的氮气，但作物并不能直接吸收利用，需要转化成铵态氮或硝态氮。长期以来，只能依靠闪电产生的能量将大气中的惰性氮气转化为植物可吸收利用的有效态氮，或者依靠豆科作物的生物固氮作用。但这两者都不稳定，人类不能有效地控制氮素产生的时间和数量。直到合成氨工艺的发明，生产出化学氮肥，作物才获得了高产稳产所需的氮素。

第二节 科学施肥基础理论

QUESTION
20 为什么说科学施肥就像人合理膳食一样？

通俗地说，作物施肥犹如人吃饭。如果出现肥料品种不合适、施得太多或太少、养分搭配不平衡等问题，作物就会出现虚旺或偏弱等"亚健康"状态。合理施肥要把握"四个正确"，即把正确的肥料品种，以正确的用量，在正确的时间，用在正确的位置上。施肥需要根据当地作物种类、土壤酸碱性等选择适合的肥料品种，依据土壤供肥能力、目标产量、作物需肥特点等确定适宜的肥料用量及基追比例。施肥时间要在作物的"饭点"上，合适的时间吃饭身体才健康。肥料要喂到作物的"嘴里"，人靠嘴吃饭，作物主要靠根系根尖细胞吸收营养，因此要把肥料施在作物吸收根集中分布层，才有利于作物吸收利用养分。总而言之，科学施肥就像人合理膳食，讲究营养搭配，缺什么补什么，吃饱不浪费。

QUESTION
21 施肥中常说的"木桶理论"是什么意思？

"木桶理论"是最小养分律非常形象的比喻。作物生长发育需要多种养分，但决定作物产量的，却是土壤中相对含量最少的那种养分，被称为最小养分。如果无视这种养分的短缺，即使其他养分非常充足，也难以提高作物产量。就像装水用的木桶，以木板表示作物生长所需要的多种养分，木板的长短表示某种养分的相对供应量，最大盛水量表示产量。很显然，盛水量决定于最短木板的高度，要增加盛水量，必须增加最短木板的高度。在施肥上，也只有补充最小养分，作物产量才能提高。

QUESTION
22 施肥量越大产量会越高吗？

不会。科学施肥理论有一条叫报酬递减律。一定施肥量范围内，随着施肥量的增加，作物的产量也增加，但单位施肥量的增产量是逐步减少的，这就叫报酬递减律。在土壤缺肥的情况下，根据作物的需要进行施肥，作物的产量会相应增加。但施肥量的增加与产量的增加并不能始终保持正相关关系。施肥量很低的时候，单位肥料的增产量很大，随着施肥量的增加，单位肥料的增产量呈递减趋势，当施肥量增加到一定程度时，再多施肥料也不会带来产量的增加，甚至会出现减产，此时的产量被称为最高产量。如果一味地大量施肥，就必然会出现施肥不增产、增产不增收的现象，造成浪费。

23 QUESTION 为什么说测土配方施肥跟医院看病开方抓药一样？

测土配方施肥是以土壤测试和肥料田间试验为基础，根据作物需肥规律、土壤供肥性能和肥料效应，在合理施用有机肥料的基础上，提出氮、磷、钾及中、微量元素等化学肥料的施用数量、施肥时期和施用方法。"测土"即采集土样测定土壤各种养分的含量，相当于"在医院进行化验"；"配方"是经过对土壤的营养诊断，按照庄稼需要的营养"开出药方"；"配肥"就是肥料生产企业或配肥站根据配方生产出配方肥，好比"按方配药"；"施肥"就是在土肥技术人员的指导下合理施肥，相当于"按时按量服用药品"。测土配方施肥技术的核心是调节和解决作物需肥与土壤供肥之间的矛盾，有针对性地补充作物所需的营养元素，作物缺什么元素就补充什么元素，需要多少补多少，实现各种养分平衡供应，满足作物的需要。

第三节　肥料大家族

QUESTION
24 肥料家族成员有哪些？

凡是施于土壤中或喷洒于作物地上部分，用于提供、保持或改善植物营养和土壤物理、化学性能及生物活性，能提高产量、改善品质，或增强植物抗逆性的有机、无机、微生物及其混合物料，都叫肥料。

肥料家族成员众多：①按肥料来源与组分的主要性质区分，主要包括有机肥料、化学肥料、微生物肥料；②按养分组成区分，主要有单质肥料、复合肥料；③按肥效作用快慢区分，主要有速效肥料、缓控释肥料、稳定性肥料；④按肥料物理状态区分，有固体肥料、液体肥料、气体肥料；⑤按肥料的酸碱度区分，有碱性肥料、酸性肥料、中性肥料。

QUESTION
25 常见的化肥品种有哪些？

常见的化肥种类主要有氮肥、磷肥、钾肥、复合肥、中量元素肥、微量元素肥等。①氮肥是以氮营养元素为主要成分的化肥，如尿素、碳酸氢铵、硫酸铵、氯化铵等；②磷肥是以磷营养元素为主要成分的化肥，如过磷酸钙、钙镁磷肥；③钾肥是以钾营养元素为主要成分的化肥，有氯化钾、硫酸钾等；④复合肥则含有氮、磷、钾三要素中的两种或三种，被称为二元或三元复合肥料，例如磷酸二铵含有氮和磷，硝酸钾含有氮和钾，三元复合肥含有氮、磷、钾等；⑤中量元素肥料包括硫酸钙、硝酸钙、硫酸镁、碳酸镁、硫黄等；⑥微量元素肥料包括硼砂、硫酸锌、硫酸亚铁、钼酸铵、硫酸锰、硫酸铜等。

QUESTION
㉖ 常见的有机类肥料有哪些？

市场上常见的有机类肥料大致可分为商品有机肥料、有机-无机复混肥料、生物有机肥料、有机水溶肥料4种类型。①商品有机肥料，指经过工厂化生产，不含有特定微生物的有机肥料，以提供有机质和少量营养元素为主。商品有机肥料作为一种有机质含量较高的肥料，是提高产量、改善品质、培肥地力的主要肥料品种。②有机-无机复混肥料，由有机和无机肥料混合或化合制成，既含有一定比例的有机质，又含有一定量的无机养分。这种肥料与我国当前科学施肥所提倡的"有机无机相结合"的原则相

符。③生物有机肥，指经过工厂化生产，含有特定微生物
的有机肥料，除了含有较高的有机质外，还含有功能性微
生物。④有机水溶肥料，以有机资源为主要原料，添加适
量大、中、微量元素加工而成的水溶肥料，是近年来产业
发展较快的一类新型有机肥料。

QUESTION
27 为什么有的化肥是五颜六色的？

　　有的化肥之所以是五颜六色的，主要有以下几方面的
原因：①有的矿物肥料本身就带有颜色，如加拿大的钾肥
含有氧化铁类杂质呈现红色。②有些企业为了达到产品整
齐一致，对产品进行染色。由于某些国外化肥最早进入
中国时，其产品的颜色给消费者留下了强烈的先入为主
的认知，企业为迎合消费者的认知和购买习惯，也会对
化肥进行染色。③创新产品的标记标示。这种做法在缓
控释肥、水溶肥料等新型肥料中比较常见。④掺混肥料
中各原料成分的直观识别。为了直观区别氮、磷、钾原
料和混合均匀度，常从颜色上加以区分。⑤便于肥料的
使用。在大田中，当水溶肥料溶于水后，会使溶液呈现
一定的颜色，从而通过滴出的水是否有颜色来判断施肥的
进程。

QUESTION
28 绿肥是绿颜色的肥料吗？

　　绿肥不是绿颜色的肥料，是指直接翻埋或堆沤后做成肥料施用的绿色植物体。作为肥料而种植的作物，叫绿肥作物。按其来源分为栽培绿肥和野生绿肥，按植物学分为豆科绿肥和非豆科绿肥，按种植季节分为冬季绿肥、夏季绿肥和多年生绿肥，按利用方式分为稻田绿肥、麦田绿肥、棉田绿肥、覆盖绿肥、肥菜兼用绿肥、肥饲兼用绿肥、肥粮兼用绿肥等，按生长环境分为旱地绿肥和水生绿肥。常见的绿肥作物有：紫云英、苕子、紫花苜蓿、草木樨、肥田萝卜菜、田菁、绿萍、水花生等。绿肥是中国传统的有机肥料，其优势包括：①来源广，数量大。绿肥种类多，适应性强，易栽培，农田荒地均可种植；鲜草产量高，一般亩产可达 1 000～2 000 千克。②质量高，肥效好。有机质丰富，含有氮、磷、钾和多种微量元素，分解快，肥效迅速。③可改良土壤，防止水土流失。含有大量有机质，能改善土壤结构，提高保水保肥能力；绿肥有茂盛的茎叶覆盖地面，能减少水、土、肥的流失。④投入少，成本低。绿肥只需少量种子和肥料，就地种植、就地利用，成本较低。⑤综合利用，效益好。绿肥作物可作饲料喂牲畜，发展畜牧业；一些绿肥作物可以作蔬菜食用；有的绿肥作物还是很好的蜜源，可以发展养蜂。

29 QUESTION 复合肥有什么特点？

复合肥是指氮、磷、钾三种养分中，至少含有两种营养元素的肥料，可以是化学方法合成的，也可以是物理方法制成的。复合肥含有多种养分，基肥、追肥都可以使用，施用后可补充多种营养，方便高效。复合肥还具有养分含量高、副成分少、物理性状好等优点，对于平衡作物养分、提高肥料利用率、促进高产稳产有着十分重要的作用。复合肥的缺点是养分比例固定，难以满足不同土壤、不同作物的个性化需要，通常要用单质肥料进行补充调节。

30 QUESTION 配方肥是怎么生产出来的？

配方肥是指以土壤测试和田间试验为基础，根据当地作物需肥规律、土壤供肥性能和肥料效应，以各种单质化肥和（或）复混肥料为原料，采用掺混或造粒工艺制成的适合一定区域和作物的肥料。配方肥是给作物配好的"营养餐"，一般都含有多种营养元素，具有养分齐全的优点，是针对特定作物、特定土壤制定的配方，针对性强，养分比例更加合理。

QUESTION
31 人们常说的新型肥料"新"在哪里？

　　所谓新型肥料，是与传统肥料比较而言，从肥料的形态、功能、剂型、原材料、生产工艺等方面进行创新制成的肥料新产品。新型肥料的"新"主要表现在以下几个方面：①功能功效新。如肥料除了提供养分外，还具有保水、抗寒、抗旱、生根等其他功能；或采用包衣、添加增效剂等技术，使肥料养分能够缓慢释放，提高肥料利用效率，增加施肥效益。②肥料形态新。指肥料形态新的变化，如根据不同施肥目的而生产的液体肥料、气体肥料、膏状肥料等，通过形态的变化，改善肥料的使用效能。③施用方式新。针对不同作物、不同栽培方式等专门研制的肥料，侧重于解决某些生产中急需克服的问题，具有较强的针对性，如水溶肥、叶面肥等。

第三章

科学施肥要点

第一节　选肥购肥小妙招

QUESTION
32 如何辨别真假化肥？

真假化肥识别方法可概括为"看""摸""嗅""烧""溶"。

(1)"看"。一看包装。假冒伪劣产品的包装简单，容易破损，包装袋（瓶）封口不严密，文字印刷质量差。二看标识。假冒伪劣产品肥料标识信息不全，文字、图案印刷粗糙，缺乏执行标准、登记（备案）号、生产许可证等关键信息。三看肥料的粒度和结晶状态。优质肥料颗粒大小均匀，结晶状态良好；劣质肥料颗粒大小不均匀，粗糙、湿度大、易结块。四看肥料的颜色。不同类型化肥有其特有颜色，如氮肥除石灰氮以外大多数是白色的，有的略带黄褐色等。

（2）"摸"。 把肥料放在手心，用力握住或按压滑动，根据手感进行判断。优质肥料有一定抗压强度，互相挤压时不易破损，甚至有声响，而劣质肥料遇到挤压很易破损。例如，磷酸二铵用力握几次，还有"油湿"感，而假冒的产品则没有这种手感。

（3）"嗅"。 通过肥料的特殊气味进行简易判断。例如，碳酸氢铵有强烈的氨味，硫酸铵、过磷酸钙略有酸味，而劣质产品气味不明显。

（4）"烧"。 把化肥样品直接放在烧红的铁片或木炭上燃烧，从火焰颜色、熔融情况、烟色、烟味和残留物情况来识别肥料。例如，尿素迅速熔解并冒白烟，有氨味；硫酸铵逐渐融化并出现"沸腾"状，冒白烟，有氨味，有残烬；氯化铵不易熔化，但白烟很浓，能闻到氨味和盐酸味。

（5）"溶"。 不同的肥料在水中的溶解度不同，可将肥料颗粒撒于湿润的地面，或用少量的水湿润、溶解，过一段时间后，根据溶解情况进行判断。尿素、磷酸二铵、碳酸氢铵、硫酸铵、氯化铵、硝酸铵、硫酸钾、氯化钾等可以完全溶于水；过磷酸钙、重过磷酸钙和硝酸铵钙等部分溶于水；钙镁磷肥、沉淀磷酸钙、钢渣磷肥、脱氟磷肥和磷矿粉不溶于水或绝大部分不溶于水。假冒伪劣肥料溶解性一般很差或根本不溶解。

以上是一些简单的识别方法，要准确辨别真假化肥，还需要送到有资质的实验室进行检测。

33 QUESTION 怎样合理保存肥料？

保管肥料应做到"六防"：

（1）防挥发。很多氮肥如硫酸铵、碳酸氢铵、硝酸铵等，在储藏过程中容易分解挥发降低肥效，对这类化肥应采用不透气的塑料袋或其他密封耐腐蚀的容器储藏。

（2）防水防潮。很多化肥都能溶解在水中，受潮或沾水后容易结块或溶解，在储藏保管期间，要注意保持干燥，并防止弄破袋子。

（3）防混放。有的农户使用复混肥袋装尿素，有的用尿素袋装复混肥或硫酸铵，还有的用进口复合肥袋装专用肥，这样在使用过程中很容易出现差错。有的化肥混放在一起，容易使理化性状变差。比如过磷酸钙遇到硝酸铵，会增加吸湿性，造成施用不便。

（4）防火。硝酸铵、硝酸钾等硝态氮肥，具有可燃、易燃的特点，遇高温会发生燃烧或爆炸。

（5）防腐蚀。很多肥料有腐蚀性，如过磷酸钙中含有游离酸、碳酸氢铵呈碱性，这类化肥尽量避免与金属容器或磅秤等接触，以免受到腐蚀。

（6）防污染。肥料与种子、食物混存，特别是挥发性强的碳酸氢铵、氨水与种子混放会影响发芽。化肥也不能放在卧室、厅堂内，以免挥发的氨气等刺激人的眼、鼻和呼吸道，危害健康。

34 QUESTION 买化肥的时候要注意什么？

一般应注意以下事项：

（1）看厂家、认品牌。不同的肥料企业，由于生产工艺和设备条件不同，生产出的同类肥料可能在理化性质和肥效上都有差别，售后服务也不同。应尽量选择大企业的知名品牌。

（2）选门店、听推荐。选好品牌和生产厂家后，还要了解好的肥料去哪里买，选择信誉好的经销商，购肥前最好检查一下是否有合法手续，不要购买流动小商贩的肥料。

（3）看标识、认养分。目前农资市场上肥料种类繁多，外包装五花八门。看肥料标识要特别注意看总养分含量，总养分含量是氮、五氧化二磷、氧化钾含量之和，不应包括其他元素和有机质。除了看总养分含量之外，还要看单养分含量，单养分含量指氮、磷、钾等养分的各自含量。如果含有多种养分，只标一个总养分是不合规的。

(4) 要发票、留凭证。购买肥料后，不要忘记向经销商索要发票或小票。票据中应详细注明所购肥料名称、型号、价格、数量等内容，以便发生纠纷后维权。

35 QUESTION 复合肥料包装袋上的养分含量标识是什么意思？

复合肥料、掺混肥料的袋子上，标注的重量是指化肥的实际重量，即实物量，并用 $N - P_2O_5 - K_2O$ 相应的百分含量来表示其养分含量。一般氮肥的有效成分是按氮元素（N）计算的，磷肥的有效成分是按五氧化二磷（P_2O_5）计算的，钾肥的有效成分是按氧化钾（K_2O）计算的。若某种复合肥料中氮含量是 10%，五氧化二磷含量是 20%，氧化钾含量是 10%，则该复合肥料的养分表示为 10 - 20 - 10，总养分含量是 40%，也就是说复合肥养分的折纯量是 40%。在购买化肥时，不仅要看总养分的高低，还要关注养分的配比。

第二节　施肥有技巧

QUESTION 36　施用化学肥料需注意哪些问题？

（1）尿素用后不宜立即大量浇水，否则容易造成养分流失。

（2）碳酸氢铵又叫"气肥"，容易挥发造成烧苗和养分损失，不宜撒施在土壤表面，应深施覆土。

（3）铵态氮肥与碱性肥料混施，会释放出氨气，降低肥效、带来污染。

（4）硝态氮溶解度高，易被水淋失至土壤深层，造成氮素损失，要注意水分调控。

（5）硫酸铵会增加土壤酸性，破坏土壤结构，不宜长期大量施用。

（6）磷肥容易被土壤固定，造成养分利用效率低，不宜分散施用，最好采用条施或穴施。

（7）作物生长后期根系吸收能力减弱，可适当叶面喷肥补充营养。

（8）氯离子含量高的化肥忌长期单独施用，避免造成累积，也不能在忌氯作物上施用。

（9）豆科作物能够通过根瘤进行生物固氮，氮肥需求量低，不宜大量施用氮肥，但要合理施用磷、钾肥，补充中、微量元素肥料。

QUESTION
37 有机肥施用中容易出现什么问题？

有机肥虽然是非常好的肥料，但也不是怎么用都行，用不好也会出现问题。

（1）未腐熟完全的畜禽粪便等有机肥，施用后会继续发酵，产生大量热量和硫化氢等有害气体，易烧种烧根或发生根腐病；带入的病原菌、寄生虫卵等，也会对作物产生危害。

（2）有机肥表施或浅施影响肥效，一般应结合深耕覆土施用。

（3）单独施用有机肥，不能完全满足作物所有的养分需求，应做到有机无机结合、有机肥和化肥配施。

（4）有机肥肥效慢，一般是作基肥施用。注意控制用量，避免因过量施用导致某种养分积累。

QUESTION
38 微生物肥料能像普通化肥一样用吗？

微生物肥料主要依靠微生物的生命活动对作物生长产

生影响，发挥增产提质作用，其效果取决于优良的菌种、优质的菌剂和有效的施用方法。微生物肥料合理施用要注意以下几点：

（1）选用质量合格的微生物肥料，质量低劣、过期的不能使用。微生物肥料必须保存在低温（适宜温度 4～10℃）、阴凉、通风、避光处，以免失效。

（2）为减少微生物死亡，施用过程中应尽量避免阳光直射；拌种时加水要适量，使肥料完全吸附在种子上。拌种后要及时播种、覆土，不可与杀菌剂或碳酸氢铵等碱性肥料混合施用。

（3）一般微生物肥料在酸性土壤中直接施用效果较差，要配合施用石灰、草木灰等，增强微生物的活力。

（4）微生物生长需要足够的水分，但水分过多又会造成通气不良，影响好气性微生物的活动。因此，必须注意及时排灌，保持适量的水分。

（5）微生物肥料中的微生物大多是好气性微生物，如根瘤菌、自生固氮菌、磷细菌、抗生菌等。因此，施用时必须配合土壤改良和合理耕作措施，保持土壤疏松、通气良好。

（6）微生物肥料的施用应与氮、磷、钾及微量元素配合。例如，为了促进豆科作物生长和根瘤发育，可以合理施用磷肥，发挥"以磷固氮"的作用；钼肥与根瘤菌剂配合施用，可明显提高固氮效率。

QUESTION

39 叶面喷施肥料需要注意些什么?

叶面施肥又叫根外施肥,是指将肥料溶液喷洒在作物茎、叶表面,通过茎、叶表面的组织吸收利用。叶面喷施要注意以下几点:

(1)叶面喷施要根据作物品种、生长时期、营养状况等进行,做到缺什么补什么。

(2)根外追肥应选择早晨露水刚干、傍晚无风或阴天无雨时进行喷施。

(3)选择合适的肥料,对叶片有伤害的、难溶于水的肥料,如氨水、钙镁磷肥等不适合叶面喷施。

(4)喷施浓度要适宜,防止浓度过高灼伤作物产生肥害,或者浓度过低追肥效果不明显。

(5)喷施时叶片正反两面都要喷到,保证追肥效果。

QUESTION

40 怎么简单判断堆肥是否腐熟?

可以采取一看、二闻、三摸、四搅拌的方式进行简单判断。①看颜色和体积。腐熟堆肥的颜色应为褐色或黑褐色,颜色均匀,有黑色汁液,堆肥体积比刚堆时缩小1/2～2/3。②闻气味。腐熟好的堆肥一般呈弱碱性,不再产生臭味，不吸引蚊蝇。③摸硬度和温度。用手握堆肥不发热，湿时软硬适中，固体形态均匀，柔软而有弹性；干时秸秆很脆易破碎，有机质失去弹性。④加水搅拌。取腐熟堆肥加清水搅拌后（肥水比例 1∶5～10），放置 3～5 分钟，其堆肥浸出液呈淡黄色。

QUESTION
41 无人机叶面施肥应注意哪些问题？

（1）叶面肥的喷施时间要合适。喷施时间最好选在晴朗无风的傍晚，可以延缓风干速度，有利于离子向叶片内渗透。喷施时要均匀，使叶片正面全湿。喷施叶面肥后如遇大雨，应重新再喷施 1 次。

（2）叶面肥的浓度要适当。由于叶面肥是直接喷施于叶片表面，农作物对肥料的吸收几乎没有缓冲。浓度过低，农作物吸收营养元素量少，施肥效果不明显；浓度过高，会灼伤叶片造成肥害。同一种叶面肥，在不同的农作物上，喷施浓度也不相同，应按产品说明科学配制浓度。

（3）叶面肥的酸碱度要适宜。一般要求 pH 在 5～8，pH 过高或过低，除营养元素的吸收受到影响外，还会对农作物产生危害。

（4）适当添加助剂。在使用无人机喷施叶面肥时，适当添加助剂能提高肥液在植物叶片上的附着力，促进养分的吸收。

42 QUESTION
沼液能直接施到田里吗？

　　沼液是以畜禽粪便等农业有机废弃物为主要原料，通过沼气工程充分厌氧发酵产生，经无害化、稳定化以及固液分离等处理后的液体产物。沼液一般为棕褐色或黑色，水分含量 96%～99%，总固体物含量小于 4%，pH 6.0～9.0，一般呈弱碱性。沼液养分受原料、发酵条件、储存时间等因素影响变化较大，一般氮、磷、钾总养分含量为 0.5‰～3‰，氮、磷、钾养分比例约为 1:0.3:1，其中 70% 以上的氮素为铵态氮。沼液含有钙、铜、铁、锌、锰等中、微量元素以及氨基酸、纤维素、生长素等营养物质。沼液养分丰富，且主要为速效养分，能有效促进作物生长，改良土壤。但沼液中也含有重金属、盐分及其他有毒有害物质，不合理施用可能引起环境风险。科学施用沼液是加快粪肥还田、促进化肥减量、实现绿色种养循环的重要措施。

43 QUESTION
田里的稻草烧掉好不好？

　　稻草等秸秆焚烧不仅会对环境造成污染，还会浪费有用的资源。可以采取以下方法来处理：①粉碎还田。将稻草割碎或压碎后还田，可以提高土壤质量，促进作物生长。②覆盖还田。将稻草覆盖在作物的根部，保持土壤湿度，减少土壤侵蚀，提高作物产量。③翻压还田。采用加装切碎装置的水稻联合收割机进行收割，实现秸秆粉碎和均匀抛撒，配合施用秸秆腐熟剂和氮肥，使用旋耕机或犁翻机将稻茬、稻草等全部旋/翻耕入土，并撒施石灰、泡田，加快秸秆腐熟。发生严重病虫草害的秸秆不宜开展直接还田作业。

QUESTION

44 旱地如何施肥才更有效果？

（1）因墒施肥。养分的吸收需要水的帮助，旱地缺乏灌溉条件，施肥时要关注土壤墒情，根据土壤水分和降水情况进行施肥，提高肥料利用效率。

（2）肥料深施。氮肥深施可减少养分损失，在石灰性土壤上氮肥容易分解挥发，肥料深施后养分可被土壤吸附，提高了氮肥利用率；磷在土壤中移动性很弱，深施能增加肥料与作物根系的接触，促进养分吸收。

（3）增施有机肥。有机肥与化肥配合一起施入。有机肥养分齐全，肥效慢而持久，在增加土壤有机质、培肥地力方面作用显著；化肥要大量元素和中微量元素配合，避免养分失调。

（4）用量合理。化肥在旱地上的适宜施用量因土壤性质、气候条件、作物类型等变化较大，特别是作物生长季节中的降水量是决定肥料用量和效果的主要因素，应采取测土配方施肥技术，配合墒情监测预报等合理确定施肥量。

45 QUESTION 土壤酸化或者碱化了还有救吗？

土壤酸碱性是影响土壤养分有效性的重要因素。一般来说，pH 6.5～7.5 表示土壤中性，pH 小于 6.5 表示土壤偏酸性，pH 大于 7.5 表示土壤偏碱性。当土壤出现强酸和强碱情况时，一定要及时改良，否则会造成农作物减产甚至绝收。

（1）酸性土壤可施用石灰改良。一般情况下，连续 3 年每亩均匀撒施生石灰 100～150 千克，可收到明显的调酸效果。当 pH 调整恢复到 7 左右时，停止施用石灰。也可施用草木灰、钙镁磷肥、硅钙肥等碱性肥料调节土壤酸度。

（2） 盐碱土的特点是有机质含量少、土壤肥力低，施肥原则是以施用有机肥料和高效复合肥为主，减少低浓度化肥的施用。化肥每次用量不宜过多，避免加重土壤次生盐渍化。在碱性土壤上尽量使用生理酸性肥料，如硫酸铵、氯化铵和氯化钾等。

（3）不论是酸性土壤还是碱性土壤，都应重视增施有机肥，改善土壤理化性状，增强缓冲性能，增加土壤微生物、活化土壤养分，提高土壤供肥能力。

QUESTION 46 土壤调理剂是怎样改良土壤的？

目前我们所说的土壤调理剂是指施入土壤中用于保持或改善土壤的物理、化学、生物性状的物料。土壤改良剂主要有以下几方面作用：①调节土壤 pH，降低土壤酸性或碱性。例如，施用石灰等碱性物质可以提高土壤 pH，改良酸性土壤。腐殖酸等酸性物质可降低土壤 pH，降低盐碱土危害，提高养分有效性。②改善土壤结构，降低土壤盐分。有的土壤调理剂具有良好的吸附和离子交换性能，可用于土壤改良，提高保水保肥能力。也可提高盐分离子的吸附量，降低盐分危害，利于土壤团粒结构的形成。③改善微生物环境，提高养分有效性。例如，施用含有机物、微生物菌剂的土壤调理剂可以增加土壤微生物数量和活性，抑制有害菌活动。微生物活动产生代谢产物，能够活化盐碱土壤中的难溶元素，提高养分利用率，还能促进土壤团粒结构形成、疏松土壤等。

第三节　作物施肥技术

QUESTION
47　什么是水稻侧深施肥？

　　水稻侧深施肥是机插秧技术的创新发展，能够在插秧的同时实现精准、高效施肥，提高肥料利用效率，是化肥减量增效的主推技术之一。水稻侧深施肥通过在插秧机上加装侧深施肥装置，在机插秧的同时，把肥料均匀、定量地施入秧苗根侧3～5厘米、深度4～6厘米的位置，并覆盖于泥浆中，避免肥料漂移，促进秧苗根系对养分的吸收。水稻侧深施肥充分发挥农机农艺融合优势，插秧施肥同步进行，配套施用缓控释专用配方肥，在缩短缓苗期、促进根系生长、增加水稻产量的同时，减少施肥次数和肥料用量，降低人工投入和养分损失，促进化肥减量增效和农业绿色高质量发展。

QUESTION
48　什么是玉米种肥同播？

　　玉米种肥同播技术是在玉米播种时，将种子、化肥同时播进地里，提高施肥精准度，同时实现省工省时省力，提高耕作效率。玉米种肥同播并不是将种子与肥料混合在一起播种，而是在玉米播种时，将肥料一同施入，种子与肥料之间保持一定的间距，一般7～10厘米，既不能过近，也不能过远。种肥间距过近，会使幼苗根区土壤溶液浓度过大、渗透压增高，阻碍土壤水分向根内渗透，造成缺水而发生烧苗；种肥间距过远，幼苗根系吸收不到养分，达不到提苗壮苗的目的。

49 QUESTION 什么是小麦化肥机械深施？

小麦化肥机械深施技术是指以测土配方施肥为基础，制定小麦基肥施肥方案，配套缓控释配方肥，通过撒施耕翻或种肥同播实现机械深施。撒施耕翻时，将化肥撒施于地表后旋耕或耕翻，一般深度大于20厘米；种肥同播时，将化肥施于种子侧下方2.5～4厘米处，肥带宽度3～5厘米，或肥料施在种床正下方，间隔大于3厘米，肥带宽度略大于种子播幅。

50 QUESTION 小麦"一喷三防"怎么喷、防什么？

"一喷三防"是在小麦生长中后期使用杀虫剂、杀菌剂、叶面肥等混配喷施，达到防病虫害、防干热风、防早衰的目的，是保障小麦高产稳产的一项关键技术措施。"一喷三防"适宜作业期为小麦扬花期至灌浆期。常用杀虫剂有菊酯类农药、吡虫啉、抗蚜威等，杀菌剂有多菌灵、三唑酮、烯唑醇等，叶面肥有磷酸二氢钾、尿素、微量元素肥料等。根据当地病虫害和干热风的发生特点和趋势，选择适宜防病、防虫的农药和叶面肥，采用科学配方；还要按照农药、肥料使用规定，严格把握喷施剂量和方法。喷洒时间最好在晴天无风的上午 9—11 时、下午 4 时以后，每亩喷水量不得少于 30 千克。要注意喷洒均匀，要喷到下部叶片。喷雾后 6 小时内遇雨要进行补喷。

51 QUESTION 水稻渍涝后如何施肥？

（1）**排水洗苗**。首先要尽快排出田内的积水，减轻植株的负担并促进其恢复。在积水退去后，应该用清水冲洗稻苗，去除叶片上的污泥，帮助植株恢复正常生长。

（2）**补施肥料**。受淹期间，水稻营养器官受到不同程度损害，排水后根、叶、蘖重新恢复生长，需要大量的矿质营养，加之排水使稻田养分流失较多，要尽快追肥补充养分。施肥品种以化肥为主，土壤施用与叶面喷施相结合，促进稻株尽快恢复生长。在分蘖至拔节期受淹后，可采取一追一补方法，施肥以氮肥为主，配以磷、钾肥。淹没时间短，稻苗受害轻的，施肥量可少些；反之，施肥量适当多些。后期为促进穗型增大，应重视补施促花肥，促进抽穗整齐。灌浆结实期喷施磷酸二氢钾，有利于提高结实率和千粒重，一般每亩喷 0.2% 磷酸二氢钾水溶液 50～100 千克。孕穗结实期可结合实际情况再进行叶面喷施。

（3）加强病虫害防治。由于水淹可能导致植株受损，容易引起病虫害的发生，因此在排水后需要及时用药防治，保护植株不受进一步的侵害。

52 QUESTION 大豆如何施用根瘤菌菌剂？

（1）选择合适的根瘤菌菌剂。大豆根瘤菌菌剂种类繁多，应根据大豆品种、种植区域、土壤条件等选择合适的根瘤菌剂。一般来说，大豆根瘤菌菌剂应符合以下要求：菌种纯度高，活力强；适合大豆品种；适合种植区域和土壤条件；使用方便，成本低廉。

（2）正确使用根瘤菌菌剂。根瘤菌剂的使用方法主要有两种：拌种和喷施。拌种法：大豆播种前 12 小时内，将根瘤菌剂均匀拌入大豆种子中，搅拌均匀后阴干即可播种。喷施法：将根瘤菌剂与水按一定比例配制成菌液，在播种时用喷雾器将菌液喷洒在大豆种子表面及周围土壤中。

（3）注意事项。使用根瘤菌剂时应注意以下事项：根瘤菌剂应保存在阴凉干燥处，避免阳光直射；根瘤菌剂应在保质期内使用；使用根瘤菌剂时应避免与农药混用；使用根瘤菌剂后应注意避免氮肥使用过量。

QUESTION
53 大棚蔬菜施肥的要点有哪些？

（1）农家肥要腐熟。大棚蔬菜施用农家肥时要充分腐熟，因为没有经过腐熟的农家肥常带有病菌和虫卵，蔬菜施用后容易产生病害。另外，如果将农家肥放到大棚里进行腐熟，会产生氨气烧伤菜苗。

（2）施肥时期及方法要合适。底肥最好在蔬菜定植一周前施用，并与土壤混合均匀。追肥可以在距离植株7～10厘米的地方沟施或者穴施，追肥后要及时盖土、浇水，不要将肥料直接撒在地面或植株上，以免烧伤蔬菜秧苗。根外追肥应该在蔬菜需要肥料的高峰期及生长后期，选择在阴天或傍晚的时候进行，尽量将肥液喷到新叶及叶子背面，以利于蔬菜吸收。

（3）化肥施用要适量。大棚过量施用化肥容易引起土壤盐分浓度增加，导致次生盐渍化，影响蔬菜正常生长。因此，施肥前要进行土壤测试，进行配方施肥。

（4）**微肥施用要科学**。微量元素肥料在蔬菜上需求量虽然很小，但在新陈代谢中的作用很大。目前常用的微肥有硼、钼、锌、铁肥等。微肥多作基肥施用，也可用于拌种、浸种或叶面喷施。微肥适量与过量之间的范围比较窄，所以用量一定要准确，避免造成肥害。

（5）**植物生长调节剂使用要得当**。每种调节剂在应用上都有一定的条件和范围，尤其要掌握好使用的时间和浓度，否则就不能达到蔬菜增产的效果。

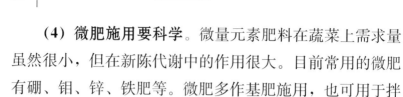

QUESTION
54 果树施肥需要注意什么？

（1）**施肥时间**。果树施肥通常分为春夏季追肥和秋季施基肥。春夏季追肥一般在春季果树苏醒生长时和果实膨大期进行，重点是给生长提供充足的养分。秋季施基肥则是在果实收获后、果树进入休眠期前进行，重点是补充树体消耗的养分，为来年的花芽分化奠定基础。此外，也可以根据果树养分需求和生长情况，适当增加追肥次数，如夏季进行盛果期追肥。

（2）**肥料种类**。果树需要的养分主要包括氮、磷、钾以及中、微量元素等。要注重化肥和有机肥配合施用。化肥养分含量高，能够迅速满足果树快速生长的养分需求。有机肥富含有机物质，对提升土壤肥力、改善土壤理化性状具有重要作用。

（3）施肥方法。果树施肥方法可以采用根部条施、穴施，以及叶面喷施等方式。根部施肥是最常见和有效的方法，可以将肥料直接埋入土壤中，使根系能够充分吸收养分；叶面喷施适用于迅速补充养分的情况，但提供养分的数量有限。

节水农业篇

JIESHUI NONGYE PIAN

第四章

节水农业的重要性

第一节　干旱缺水的严峻形势

55 QUESTION 为什么水是农业第一资源？

　　水是生命之源、生产之要、生态之基，农业更是因水而生、因水而兴。农业生产上可以做到无土栽培，但没有无水栽培。一是水是生命之源，没水就没有农业。水是很多物种赖以生存和发展的基础，地球上哪里有水，哪里才会有生命。水是作物细胞和组织的主要成分，能够保障各种代谢活动的正常进行。如种子萌发离不开水，一般种子要吸收达到自身重量 $45\%\sim50\%$ 的水分时才能正常发芽。二是水是生产之要，影响作物产量品质。水利是农业的命脉。农谚道："有肥无水望天哭，有水无肥半担谷。"水分是影响作物生长和产量的重要因素，没有水耕地就没有产能，用水的多少和方式方法关系着农业的产量和质量。三是水是生态之基，关乎农业绿色发展。水循环是地球上最重要的自然过程之一，是联系地球各生态圈的"纽带"，维持了地球生态系统的平衡。山水林田湖草沙冰是生命共同体，只有水有多种形态，可以在其中往复循环，成为物质和能量交换的关键载体。科学开展农业用水工作，调节好水循环，是推进农业绿色高质量发展的关键举措。

QUESTION
56 我国干旱缺水的严峻形势表现在哪些方面？

我国用占世界 9％左右的耕地、6％左右的淡水资源，生产占世界近 25％的粮食、60％的蔬菜、30％的水果、25％的肉类，养活了 18％左右的人口。一方面说明我国农业用水效率高于世界平均水平，用更少的水资源生产更多的农产品，不仅解决温饱问题，还让全国人民吃得好；另一方面也说明我国农业生产面临着干旱缺水的严峻形势，缺水比缺地更加严重。

我国水资源呈现以下特点：从整体上看，一是总量不足。我国多年平均水资源总量约 2.8 万亿米^3，仅占世界总量的 6％，而人均水资源量不到 2 000 米^3，不足世界人均水平的 1/4，耕地亩均水资源量 1 400 米^3，仅为世界平均水平的 1/2。二是分布不均。空间上，秦岭—淮河以北耕地面积占到全国总量的 64％，水资源量却仅占全国总量的 19％。时间上，受季风气候影响，降水夏秋多、冬春少。春季是春耕、春播、春管的关键时节，是需水的旺季，但往往降水很少，所以老百姓讲"春雨贵如油"。

从区域上看，一是西北干旱缺水形势严峻。黄土高原等旱作区十年九旱，产量低而不稳。内陆绿洲灌区和引黄灌区灌溉水源严重不足。二是华北地下水超采严重。华北是冬小麦、夏玉米的主产区，地下水为主要灌溉水源，地下水超采对区域粮食可持续生产构成威胁。三是东北地表水资源难以维系。东北"井灌稻"面积约为 6 000 万亩，地表水利用"捉襟见肘"，地下水耗损加大。四是南方季节性干旱日益加剧。近年南方高温干旱天气频发，对旱耕地、望天田和灌区末端易旱稻田影响较大。所以，我国是一个缺水形势十分严峻的国家，发展节水农业十分必要。

57 QUESTION 为什么说旱灾是农业第一灾害？

旱灾是一个世界性难题。1199 年初的埃及大饥荒、1898 年的印度大饥荒和 1873 年的中国大饥荒都是因为干旱缺水造成的。时至今日，干旱仍是影响我国农业生产最重要的因素之一。一是影响范围广。我国旱耕地近 10 亿亩，基本靠天吃饭，常年遭受干旱缺水威胁。灌区即便有灌溉条件，近年来也常受高温干旱影响，不能保障旱涝保收。二是灾害损失大。俗话说，"涝灾一条线，旱灾一大片"，相比涝灾、风灾、低温冻害等其他农业自然灾害，我国旱灾发生频率更高、成灾面积更大、产量损失更重。近 20 年来，全国平均每年旱灾发生面积 3 亿～4 亿亩，成灾面积 2 亿多亩，因旱损失粮食 600 亿斤以上，占全国粮食总产量的 4.3%。三是防控难度大。受气候变化、水资源短缺和农田基础设施薄弱等多因素影响，除了及时灌溉外，人们仍然缺乏应对旱灾的有效手段，旱灾防控难度很大。

58 QUESTION
什么是胡焕庸线？

胡焕庸线，是中国地理学家胡焕庸（1901—1998）在 1935 年提出的划分中国人口密度的对比线，最初称"瑷珲—腾冲线"，后因地名变迁，改称"黑河—腾冲线"，大致与我国 400 毫米等降水量线重合。历史上，400 毫米年降水量是农业生产用水的基本需求，被视为我国种植业和牧业的分界线；随着灌溉的发展和节水技术进步，我国种植业不断突破胡焕庸线的限制，但其现在仍然是农业生产东西分异的分界线。胡焕庸线东南方主要是平原、水网、丘陵和山地，自古以农耕为主，耕地面积多，包含水田、水浇地和雨养旱地等多种类型；胡焕庸线西北方是绿洲、沙漠、戈壁、草原和高原，仅靠降雨无法满足作物用水需求，基本上没有灌溉就没有农业，耕地面积少，以有灌溉条件的水浇地为主。

QUESTION
59 南方降水充沛，为什么还会出现干旱缺水问题？

南方地区虽然总体上降水量较大，但仍然会存在缺水的情况，这主要是由以下几个原因造成的：

一是降水时间分布不均。南方地区雨季和旱季分明，雨季降水量很大，但有些作物此时需水量不大。到了旱季，降水量较少导致季节性干旱。如云南属于季风气候区，每年的降水量主要集中在 5—10 月，11 月到翌年 4 月冬季风盛行，来自青藏高原和内陆的干燥气流会使云南降水减少。二是山地丘陵难以存水。云贵高原、川渝和湘鄂西部山地丘陵、南方丘陵坡地等区域虽然降水量较大，但地形复杂，山地、丘陵和深切河谷交错分布，地势起伏大，地表径流速度快，降水大部分形成径流流失，降水难以有效蓄积。三是高温干旱极端天气增多。在全球气候变化大背景下，干旱极端天气日益频繁，南方干旱明显加重，尤其是大旱频率及影响范围明显增加。如 2010 年西南特大干旱、2019 年南方秋冬连旱、2022 年长江流域严重高温干旱等给农业生产带来严重威胁。四是田间蓄水节水设施差。南方地区虽然水资源相对丰富，但由于山高水深地不平，"五小水利工程"等建设不足，山地丘陵集雨设施极度欠缺，水资源无法有效储存以供旱季使用；平原灌区灌溉基础设施不完善，干旱时往往供水不足，灌区末端稻田得不到及时灌溉，干旱损失大。

第二节　节水农业与粮食安全

60 QUESTION
如何理解我国的"水粮关系"？

在我国水资源紧缺且时空分布不均的背景下，通过深入分析水土资源开发与粮食生产的历史演变，我们深刻认识到以下客观规律：一是水资源禀赋、农田水利建设和节水技术推广决定了我国粮食种植的面积大小和空间格局，是我国粮食安全的基础保障。二是在水资源紧缺的条件下，粮食单产的增长取决于粮食作物用水效率的提升。三是干旱是最大的农业灾害，抗旱减损主要得益于灌溉保障和雨水利用。这是干旱缺水条件下，我国"水粮关系"的基本逻辑，是我国农业发展的宝贵历史经验，也是新时代节水事业支撑全方位夯实粮食安全根基的客观遵循。

61 QUESTION
为什么水是全方位夯实粮食安全根基的关键因素？

水是生产之要，水利是农业的命脉。从资源条件、设施装备、作物生产和发展需求四个维度看，水是全方位夯实粮食安全根基的关键因素。

从资源条件看，缺水是影响粮食生产的根本制约。有收无收在于水，水是粮食生产的基础。尤其是中低产田的利用，有水就有保障。据专家估算，我国每年农业灌溉用水缺口 300 亿～450 亿米^3，可影响 1.1 亿亩农田的灌溉。未来粮食生产向北方转移将进一步加剧粮食主产区缺水困难。从设施装备看，灌溉是粮食生产现代化的最大短板。我国三大粮食作物耕种收综合机械化率 90％以上，但农业灌溉还以传统的渠道输水、地面灌溉为主，19.14 亿亩耕地中高效节水灌溉占比仅为 21.5％，且相比于耕种收，农业灌溉社会化服务严重落后。小水窖、小水池、小塘坝、小泵站、小水渠等农田集蓄水设施不足，影响农田抗旱减灾能力。从作物生产看，三大主粮均面临干旱缺水的严重威胁。华北黄淮约 2.4 亿亩冬小麦面临地下水超采危机；全国玉米有 2/3 为旱地玉米，约 4.3 亿亩没有灌溉条件，基本靠天吃饭；水稻上，东北井灌稻、南方望天田和长江流域灌区末端易旱稻田各约 6 000 万亩，共约 1.8 亿亩。此外，新增千亿斤粮食产能提升行动实施对农业用水提出了更高的需求，粮水矛盾更加突出，发展节水农业更加迫切。

62 QUESTION 什么是作物水分生产力？

作物水分生产力是在作物全生育期内单位水消耗量所

获得的经济产量，是评价农作物用水效率的指标。计算方法为作物产量（千克/亩）除以作物耗水量（米³/亩），通俗地说，就是 1 方水能生产多少千克粮食。2022 年我国粮食作物平均水分生产力为 1.298 千克/米³。不同作物水分生产力不同，粮食作物平均水分生产力是水稻、玉米、小麦三种主要粮食作物水分生产力的平均情况。按照我国每年超过1.3 万亿斤的粮食总产量，每年生产这些粮食消耗的水量超过 5 300 亿米³，其中既有天然降水，也包括农田灌溉用水。

63 QUESTION
作物需水量与作物耗水量、灌溉需水量的区别是什么？

作物需水量是一个理论值，是指满足作物正常生长发育所需要消耗的水量，包括如生理需水和生态需水。生理需水是指作物生长过程中蒸腾作用、光合作用等各项生理活动所需的水分；生态需水是指为作物正常生长发育创造良好农田生态环境（如调节土壤温度、促进肥料溶解、改善田间小气候等）所需的水分。在农业生产实践中，通常将作物蒸腾量和棵间蒸发量之和，即腾发量（ET）作为作物需水量。

不同作物需水量差别很大（表 1），一般来说，小麦、玉米、谷子、高粱等旱生作物小于水稻、莲藕等水生作物，同类作物中产量低的小于产量高的，生育期短的春小麦小于生育期长的冬小麦。在整个生育期中，前期需水量小，中期达最高峰，后期又减少。生殖生长期往往是需水敏感的临界期，如禾谷类作物孕穗期对缺水最为敏感，缺水对生长发育极为不利，常造成大幅度减产。

值得注意的是，作物需水量既不能等同于灌溉需水量，也不能等同于作物耗水量。灌溉需水量是指灌溉需要的水量，需要在作物需水量的基础上，综合考虑天然降水、盐碱地洗盐、水田泡田、不同灌溉方式、不同产量水平等因素决定。作物耗水量是指作物从播种到收获的整个生育期内在农田中消耗的总水量，作物的实际耗水量在干旱和低产条件下可能少于作物需水量，但在灌溉条件下大多超过作物需水量，其中一个重要的途径是根层以下的深层渗漏。

表1　主要作物全生育期需水量

作物	冬小麦/春小麦	春玉米/夏玉米	水稻	大豆	油菜	花生	棉花（籽棉）	谷子	高粱
产量/（千克/亩）	550/475	860/650	642	162	165	400	500	350	400
需水量/（米³/亩）	327/273	340/253	330	260	260	280	350	215	250

注：水稻、小麦、玉米、棉花等作物全生育期需水量数据主要来源于《中国节水农业》，谷子、高粱来源于《土壤墒情监测技术手册》，大豆、油菜、花生来源于中国知网。

QUESTION
64 每生产1千克农产品需要消耗多少水?

生产不同农产品对水的需求不同。据测算，在现有的种植技术条件下，生产 1 千克玉米约需要消耗 0.56 吨水，1 千克小麦约需要消耗 0.68 吨水，1 千克水稻约需要消耗 1.1 吨水，1 千克大豆约需要消耗 1.4 吨水，1 千克棉花（皮棉）约需要消耗 3.6 吨水，1 千克鸡肉约需要消耗 4.3 吨水，1 千克猪肉约需要消耗 6.0 吨水，1 千克牛肉约需要消耗 15.4 吨水。一般而言，单位农产品消耗的水资源量，水生作物高于旱生作物，产量低的高于产量高的，肉蛋奶类高于农作物。

QUESTION
65 为什么棉花能在干旱缺水的新疆扎下根?

一是独特的自然条件适宜棉花种植。气候条件上，新疆拥有干燥的气候和充足的日照时间，昼夜温差大，有利于棉花的生长和纤维的形成。新疆棉不仅外在品级高，而且内在品质优、纤维长、强力高，适合纺高支纱。土壤特性上，新疆降水量少、蒸发量大，大部分土壤都存在不同程度的盐碱化，且多为疏松的沙壤土，透气性好，棉花耐旱耐盐碱但不耐涝，这些土壤特性有利于棉花的生长发育和根系营养吸收。二是推广膜下滴灌让棉花落地生根。膜下滴灌技术能充分发挥地膜覆盖增温抑蒸保墒特性，以及滴灌按需供水供肥高效节水的特性，变传统高耗水（压盐洗盐灌水量大）为低耗水（不灌或少灌压盐水），有效解决了棉花中后期脱水脱肥和中耕除草困难等难题，棉花低产变高产。伴随着膜下滴灌大面积普及，新疆棉花实现了跨越式发展。三是全程机械化生产和产业化发展让新疆棉花走向世界。新疆已建成了特色鲜明的棉花生产全程机械化技术体系，从土地平整、精量播种、水肥滴灌一体、中耕植保、棉花打顶、脱叶催熟、机械采收、籽棉转运、清理加工等全程实现了机械化，同时催生了一大批专业化服务组织，棉田管理更省工省力、精准高效；已建成最大的棉花生产基地、加工基地、纺织服装出口基地，形成了棉花的种植、加工及销售完整的产业链。目前新疆棉花产量占全国总产约九成，面积、单产、总产、商品量连续 28 年居全国首位，强大的生产能力奠定了新疆棉花在全国乃至世界棉花产业不可替代的地位。

66 QUESTION 您的一日三餐究竟消耗了多少水？

按照我国城镇居民的正常膳食结构，市民张女士早餐鸡蛋 1 枚、肉包 2 个、牛奶 1 杯，午餐米饭 2 两、小炒牛肉 1 份、绿叶蔬菜 1 份、晚餐米饭 1 两、玉米 1 根、番茄炒蛋 1 份、苹果 1 个，总计消耗了鸡蛋 3 个（196 升/千克，生产每千克鸡蛋耗水量，下同）、牛肉 0.1 千克（15 415 升/千克）、稻米 0.15 千克（1 072 升/千克）、绿叶蔬菜 0.1 千克（130 升/千克）、玉米 0.4 千克（560 升/千克）、番茄 0.1 千克（214 升/千克）、苹果 0.2 千克（822 升/千克）、牛奶 0.2 升（1 000 升/升），总计消耗水资源 2.75 米^3，即满足一个成年女性的一日三餐，大致需要消耗 2.75 吨水。

67 新一轮千亿斤粮食产能提升行动水从哪里来？

QUESTION

实施新一轮千亿斤粮食产能提升工程，必须要解决新增用水问题。按照我国粮食作物平均水分生产力 1.298 千克/米^3 测算，新增千亿斤粮食产能约需新增耗水 385 亿米^3。当前可从开源、节流和提效三个方面挖掘潜力。

（1）开源，即开辟水源。一是田间措施集蓄天然降水。当前我国农田天然降水利用率为 55%～60%，通过窖池集雨、深松蓄水、增施保水剂等技术措施，降水利用率可提高 10 个百分点。如黄土高原年降水量 400～550 毫米，平均每亩地可增水 20～30 米^3。二是水利工程调水引水。从水源富裕地区调配到短缺地区，统筹水资源利用，缓解水资源供需矛盾。

（2）节流，即减少浪费。一是输水配水减损失。通过渠道衬砌、管道输水等措施减少输水过程中的渗漏蒸发损失，提高灌溉水利用系数5～10个百分点。二是田间灌溉多节约。以滴灌、喷灌等高效节水灌溉代替传统地面灌溉，可节水40％以上。

（3）提效，即提高效率，增加每方水消耗的农业产出。通过增密度、水肥一体化等措施提高单产，将粮食作物平均水分生产力提高到1.5千克/米³，则新增1 000亿斤产能将少消耗约30亿米³水。

第三节 节水农业与农田建设

68 QUESTION
为什么说我国农业缺地的本质是缺水？

　　土地和水资源都是农业生产的关键基础，两者之间存在紧密联系。我国水土资源分布不匹配，南方水多地少，北方水少地多。在水多地少的南方，农业生产空间十分有限，新增耕地十分困难，基本没有大面积新增耕地的可能。在水少地多的北方地区，拥有大量的后备土地资源，但因为水资源匮乏，无法开发利用。但通过调水、节水和高效用水等多方面措施，可以解决缺水问题，盘活沉睡的后备耕地资源，大规模增加农业生产空间。如第三次全国国土调查相比于第二次全国土地调查，内蒙古自治区耕地面积净增加约 3 500 万亩，新疆维吾尔自治区耕地面积净增加 2 873.29 万亩。分析新增原因，一是通过膜下滴灌等高效节水灌溉技术解决了灌溉问题而新增，如新疆和内蒙古西部；二是通过地膜覆盖等旱作节水技术，将旱作农业的边界由 400 毫米等降水量线向北向西推至约 300 毫米等降水量线而新增，如内蒙古中东部。所以，从现实可行性的角度讲，我国农业缺地的本质是缺水，出路在于发展节水农业。

69 为什么说我国耕地是按水分类？

根据第三次全国国土调查主要数据公报，我国耕地191 792.79万亩，主要分三种类型，其中水田、水浇地各占四分之一，旱地占一半。

水田指有水源保证和灌溉设施，在一般年景能正常淹水灌溉，用于种植水稻、莲藕等水生作物的耕地，包括实行水旱轮作的耕地。水浇地指有水源保证和灌溉设施，在一般年景能正常灌溉，种植旱生作物的耕地，包括设施蔬菜等非工厂化大棚用地。旱地指没有水源保证和灌溉设施，主要依靠天然降水种植旱生作物的耕地。

可以看出，耕地分类的主要依据是耕地的水源保障、灌溉设施条件和种植作物类型，可以说一个"水"字决定了耕地的主要类型。如此分类，主要是因为水源和灌溉设施条件对耕地生产能力起着决定性的影响，直接决定了耕地的区域分布、面积大小、可种植作物种类和产量高低等。因此，水是我国耕地分类的首要因素，不同类型的耕地，可根据其水源和灌溉条件分类施策，有针对性地采取综合节水措施，促进农作物扩面积、提单产、增产能。

QUESTION
70 农田建设中，为何排水与灌溉同等重要？

灌溉系统的主要作用是为农田提供水分，满足作物生长的用水需求；排水系统的主要作用是及时排除农田中的多余水分，避免作物遭受渍涝灾害。

对作物而言，农田土壤水分过多或者过少都会影响作物生长发育。土壤水分过少，作物会萎蔫甚至干枯死亡；土壤水分过多，作物根系被水长期浸泡缺氧，会影响作物光合作用，甚至造成根系早衰、叶片早枯等，出现植株倒伏，抗病力减弱，严重减产或死亡。

在生产实践中，有些地方往往只注重灌溉而忽视排水，导致农田建设成为"瘸腿"工程。所以，农田既要能灌又要能排，两者缺一不可。通常有灌就有排，灌排必配套。特别是我国还有不少渍涝型低产田，在农田建设中加强排水能力建设尤为迫切。

QUESTION
71 为什么治盐必治水？

盐碱地是盐土和碱土以及其他不同程度盐化和碱化土壤的总称，含盐量或碱化度较高，土壤结构不良、易板结，有机质含量低、养分贫瘠，土壤保肥能力弱，影响作物生长，是一种性状较差、肥力较低的退化土壤。

"盐随水来，盐随水去"是水盐运动的基本规律，治理盐碱地必须从"水"上入手。当前改良盐碱经常用到的工程措施有：一是灌溉洗盐，通过暗管排盐、开沟排盐等措施将灌溉淋洗的水盐排走；二是降水控盐，抽取地下水用于灌溉，降低地下水位，从而使土壤逐渐脱盐；三是放淤压盐，如引灌河水不仅可淋洗掉部分土壤表层盐分，还能加入盐分含量低的泥沙，相对降低土壤的含盐量；四是覆盖减少返盐，在蒸发量较大地区利用地膜覆盖，减少地面水分蒸发，抑制盐分随水向表层土壤上移，减少土壤返盐、表层累积。

以上盐碱地治理和改良措施都要建立在水分管理的基础之上，大部分都要借助田间灌排系统，使土壤盐分溶解，通过排水带走土壤盐分，降低土壤的含盐量。所以治盐必治水，关键在于通过水分管理来控制盐分运移，核心都是管水、用水和控水。

QUESTION
72 旱地高标准农田怎么解决水的问题？

旱地农田生产主要依靠自然降水，开展旱地高标准建设需从以下 5 个方面入手，解决用水难题。一是工程集水，主要是建设集雨窖、塘坝、涝池等集雨工程，强化雨水的高效蓄积;二是保墒蓄水,主要是因地制宜修筑梯田、增厚土层,提高土壤蓄水保墒能力;三是抗旱补水,主要是建设抗旱应急机井、小型提水补灌工程等;四是设施节水,主要是发展喷微灌、管灌等高效节水应急补灌设施;五是防洪排水,主要是加大坡面防护和沟道治理,完善田间排水设施。

通过以上措施,并结合田块整治、田间道路、农田防护与生态环境保护、农田输配电和地力提升工程建设,强化旱地高标准农田应急补灌能力,努力破解"卡脖旱",确保浇上"救命水",缓解作物出苗、孕穗等关键生育期水分供需矛盾,兼顾防洪排涝需要,稳定作物产出并逐步提升产能。

第四节　节水农业与生态安全

QUESTION
73 华北地下水大漏斗是如何形成的？

华北平原是我国三大平原之一，自古以来养育了众多的人口，在我国政治、经济、文化发展格局中占据十分重要地位，也是我国缺水最严重的地区之一，水资源总量仅占全国的 1.7％，人均水资源占有量不到全国的 1/6。长期开采地下水，华北地下水水位区域性下降，形成区域性漏斗状凹面。华北地下水大漏斗的形成是一个复杂的过程，受到自然因素和人为因素的多重影响。从自然因素看，华北平原属于温带季风气候区，降水量长期相对偏少且季节分配不均，地下水自然补给量有限，尤其是在干旱季节，地下水的补给更为困难。从人为因素看，一是人口增长需求增加。华北平原是我国人口密集的地区之一，北京、天津两大直辖市人口众多，河北、河南、山东等都是人口大省，水资源需求量很大。二是工业和生活用水增加。随着城市化进程的加快和工业的发展，工业和生活用水量也在不断增加。这些用水需求主要依赖地下水资源的供给，进一步加大了对地下水资源的开采压力。三是农业灌溉需求所迫。华北平原是我国重要的农业生产区，500～600毫米的年降水量不足以支撑一年两季作物种植，由于地表水资源不足，必须抽取地下水进行补充灌溉。

74 QUESTION 为什么管好水有助于管好肥？

俗话说，水是肥的腿，根是苗的嘴。在农业生产中，想要管好肥料、提高养分利用效率，必须首先管理好水。一是水是肥料溶解和运移的载体。即肥料需先溶解于水中，随水流动，再以离子态的养分形态被作物根系吸收。如果干旱缺水，肥料就无法充分溶解和移动，影响作物根系吸收；水过多则易造成肥料随水淋失浪费。二是水影响肥料的转化和有效性。肥料在土壤中被微生物、酶等分解转化时，需要适宜的水分条件。如尿素在土壤中发生分解的第一个步骤就是水解反应，需要水分子的参与才能完成。水分不足还会抑制微生物的活性，减缓肥料的转化过程，降低肥料的有效性。三是水关系着养分的吸收。作物根系吸收养分主要有截获、扩散和质流三种途径，均和水息息相关。其中质流是作物吸收养分的主要形式，主要是靠植物蒸腾作用耗水促使根系吸水，而引起土壤中水分流向根部，水溶液中携带的养分也随水分的流动被带到根的表面。水少则难以形成质流，养分移动困难，难以被作物吸收。

QUESTION 75 农业节水对区域生态环境改善有何作用？

农业节水为华北平原地下水超采区、西北内陆河流域、东北三江平原和西辽河流域等生态治理发挥了重大作用。例如，华北地下水超采区开展"节水压采"试点行动，采取测墒节灌、水肥一体化、一季休耕一季雨养等措施，显著提高农业用水效率，减少灌溉抽取地下水量。2023年12月比2018年同期地下水超采治理区浅层地下水水位回升2.59米，深层承压水水位回升7.06米，近几年累计回补地下水超过130亿米^3，地下水超采得到初步遏制。东北西辽河流域，通过农业节水和高效用水等综合措施，不仅保障了"节水增粮"和农业可持续发展，而且西辽河干流水头逐年向下游延伸，流域平原区地下水水位上升区域达到14.3%，水位稳定区达到83.3%，从河道断流到通水，从地下水超采到地下水水位回升，生态复苏效果逐步显现。

第五章

旱作与灌溉

第一节　旱作节水

76 QUESTION

什么是旱作农业？

旱作农业是指主要依靠和充分利用自然降水的农业，即综合运用生物、农艺、农机、田间工程及信息管理等技术措施，最大限度提高自然降水的保蓄率和利用效率的农业。旱作农业通常具有以下特点：一是范围广、面积大。旱作农业分布在东北、西北、华北、南方丘陵等广大区域，面积规模占据中国农业的半壁江山。二是干旱缺水严重。北方旱作区通常降水量严重不足，南方旱作区季节性降水不足且土壤蓄水保水能力弱，成为旱作区农业发展最大的限制因素。三是产量低、不稳定。受自然条件限制，旱作区产量低而不稳，与灌区差距较大。四是光热资源丰富。北方旱作区光热条件较好，是小麦、玉米、马铃薯和杂粮杂豆等作物重要的生产基地。

QUESTION 77 为什么旱作区增产潜力大？

旱作区因干旱少雨制约，作物产量较低，如果大力推广高效旱作节水农业技术，加强天然降水的蓄积利用，可大幅度提升旱作区主要作物产量。实践证明，旱作区通过推广覆膜种植、宽幅旱地梯田、深松蓄水、集雨补灌、保水剂等一系列旱作节水技术、产品，可显著加强土壤蓄水保墒保温能力。例如，山西、陕西、甘肃等典型黄土高原旱作节水试验示范区，采用高效旱作节水技术，比同等地力常规种植增产30％以上。高效旱作节水农业技术的推广还扩大了玉米、马铃薯等旱地高产作物的种植面积，将玉米种植带突破胡焕庸线延伸至长城沿线，有力支撑了全国玉米播种面积由1978年的2.95亿亩发展到2022年的6.46亿亩。旱作节水技术的普及，支撑我国玉米总产由1978年的1 118.9亿斤增长到2022年的5 544.1亿斤。

QUESTION 78 旱作节水有哪些妙招？

目前旱作节水技术主要分为"集、蓄、保、用"四大类型。"集"，即集雨技术，主要通过雨水充分收集、减损储存的方式增加旱作农业可用水，目前大力推广新型软体集雨窖池，配套道路、设施棚面等措施，收集有效降雨。"蓄"，即雨水入渗技术，包括修筑梯田、等高种植、聚土垄作、深松耕、种植经济作物篱等措施，截留径流保持水土，增加土壤蓄水能力。"保"，即旱作保墒技术，减少土壤中水分的表层蒸发和深层入渗损失，包括镇压，秸秆和地膜覆盖，保水剂、抗旱抗逆制剂、蒸腾抑制剂施用等措施。"用"，即节灌用水技术，通过局部高效用水补充灌溉，保障作物关键期用水需求，包括抗旱坐水种、地面滴灌、浅埋滴灌、膜下滴灌、探墒沟灌、低压渗灌、非充分灌溉等高效补灌用水技术。

79 QUESTION "旱地吨粮田"是怎么实现的？

旱地往往一年种植一季作物，以春玉米为例，当前旱地春玉米亩产一般为 400 千克左右。如果采用高效旱作节水技术，实现水资源高效利用，可显著提升玉米等作物单产水平，也能亩产吨粮。例如，在山西旱作区集成的玉米超深松蓄水分层施肥技术模式，在年降水量 500 毫米的条件下，支撑春玉米亩产超过 1 000 千克。具体如下：一是超深松多蓄水。通过大马力机械超深松 50 厘米以上，打破土壤犁底层，天然降水蓄积能力提升30％，根系深度可达2米。二是分层施肥供养分。播种时分3层不同位置施缓释肥，满足玉米不同生育期根系吸收特点，精准供给养分，并且水肥协同支撑高密度种植。三是探墒播种保出苗。使用玉米探墒播种机，轻度春旱下，豁土深度为3～5厘米；中度春旱下，豁土深度为5～8厘米，确保种子播在墒情适宜范围。中度干旱年份，常规播种很难出苗，探墒播种技术玉米出苗率达90％以上。

80 QUESTION 为什么旱作区农产品品质更好？

旱作区因特殊的环境条件，造就了当地农产品品质优、物种多，是谷子、高粱、绿豆、荞麦、莜麦、燕麦、糜子等多种小宗特色作物的主产区。一是产地环境佳。旱作区大多地处偏远，工业不发达，相比其他地区土壤洁净、水质清洁、空气清新，保存了原始的自然生态，利于绿色优质农产品生产。二是光热资源好。年日照时数2 000～2 800小时，白天光照强烈、昼夜温差大，利于农作物光合作用以及营养物质积累，农产品品质优良。三是生产绿色化。我国旱作农业有着悠久的历史，主要依靠集蓄自然降水和增加有机肥投入培育农田自然生产能力，有天然的绿色生产特性。如西北地区独特的干燥冷凉气候，农作物病虫害发生率低，杀虫剂、杀菌剂、除草剂等农药投入量较低。四是有益成分高。由于生长环境特殊，旱作区杂粮一般产量不高，但富含有益成分。小米富含色氨酸、胡萝卜素；绿豆蛋白质含量分别是小麦面粉和稻米的2.3倍和3.2倍；杂粮中锌、铁、镁等微量元素丰富，对人体健康有益。

第二节 灌溉节水

81 灌溉农业主要分布在哪些区域？

　　灌溉农业是指具备灌溉条件，综合利用自然降水和灌溉水从事生产的农业。我国的灌溉农业主要分布在四大区域：一是东北平原地区，主要集中在松辽平原和三江平原等地区，这些地区地势平坦、土层深厚、水源较为充足，适宜发展大规模的灌溉农业。二是华北黄淮平原地区，该地区是我国最大的灌溉农业区，包括河北、河南、山东等省份的平原地区。这些地区地势平坦、肥沃，通过充分利用地表水和地下水，发展大规模的灌溉农业。三是长江流域及其他南方地区，包括上游成都平原、中游江汉平原、下游平原区域及其他南方灌区，水资源充足，地势较为平坦，适合发展灌溉农业。四是西北绿洲灌区和黄河上中游灌区，包括新疆和甘肃河西走廊绿洲灌区，山西和陕西汾渭灌区，青海、甘肃、宁夏、陕西、内蒙古、山西等引黄灌区。这些地区地势较为平坦，降水量少、蒸发量大，有水就有农业，主要利用高山冰雪融水和地下水资源进行灌溉，目前主要发展滴灌、微喷灌、喷灌等高效节水灌溉方式。

82 QUESTION 为什么要发展高效节水灌溉？

　　高效节水灌溉是指灌溉效率较高的节水灌溉方式，用灌溉水有效利用系数来衡量，通常要达到 0.8 以上。当前主要有三种方式：微灌、喷灌和管道输水灌溉。发展高效节水灌溉，主要有以下几方面原因：一是节水灌溉扩面积。喷滴灌方式下水分利用效率较高，一般喷灌高于 0.80、微喷高于 0.85、滴灌高于 0.90，较地面灌溉可提升 30％以上，这意味着同样的水源，采用高效节水灌溉可以扩大 30％以上的灌溉保障面积。二是水肥一体提单产。在喷滴灌等基础上可以发展水肥一体化，通过水肥耦合强化作物水肥供应，粮食作物可以提高单产 30％以上。三是高效利用降成本。地面灌溉消耗的水量和能源超过高效节水灌溉 30％，意味着可以节约 30％的水费和电费，灌溉作业效率提高 5～10 倍。四是精准灌溉优环境。以高效节水灌溉代替地面灌溉，在北方可减缓灌溉带来的盐碱问题，在南方可减少肥料随水流失带来的污染问题。五是抵御干旱减损失。高效节水灌溉让耕地可以随时给作物补水，有效抵御干旱、高温等灾害带来的减产损失。

QUESTION
83 为什么要发展微灌？

微灌是通过管道系统将水输送到灌溉地段，利用安装在末级管道上的灌水器，将作物所需的水以小流量均匀地直接输送到作物根部附近土壤的一种灌水技术。微灌包括滴灌、微喷灌、涌泉灌（或小管出流灌）等。与传统的地面灌溉相比，具有四方面的优势：一是小流量局部高频灌溉，灌水均匀，灌溉水利用率高。二是可做到适时适量供水供肥，作物产量高、品质好。三是易于调节土壤湿润体内盐分浓度，可在一定条件下利用微咸水灌溉。四是微灌可适应各种土壤和地形，甚至可以在某些陡坡或沙石滩上有效灌溉，还能根据土壤的入渗特性选用相应的灌水器，避免地表径流和深层渗漏。目前，在我国东北、西北、华北、黄淮地区的玉米、小麦、马铃薯、棉花等大田作物及各地果树、蔬菜等经济作物上应用普遍。

QUESTION
84 为什么要发展喷灌？

喷灌是喷洒灌溉的简称，是利用专门设备将有压水流通过喷头送到灌溉地段，以均匀喷洒方式进行灌溉的方法。与传统的地面灌溉相比，具有四方面的优势：一是节约用水。据试验研究，喷灌一般比地面灌溉节约用水30％～50％，在透水性强、保水能力差的沙性土壤上，节水可达70％以上。二是灌水均匀。喷灌受地形和土壤影响较小，均匀度可达80％～90％。三是适应性强。不适合地面灌溉的山地、丘陵、坡地和局部有高丘、坑洼的地区，以及透水性强或沉陷性土壤及耕作表层土薄且底土透水性强的沙质土壤，都可以应用。四是省工省地。喷灌的机械化程度高，便于采用小型电子控制装置实现自动化，可节省大量劳动力。采用喷灌还可以减少修筑田间渠道、灌水沟畦等，管道可以埋于地下，比地面灌溉节地7％～15％。

85 QUESTION
滴灌会导致土壤盐碱化吗？

　　滴灌是按照作物需水要求，通过管道系统与安装在毛管上的灌水器，将水均匀而又缓慢地滴入作物根区土壤中的灌水方法。滴灌灌水量小，蒸发损失少，不产生地面径流，几乎没有深层渗漏，是一种非常省水的灌水方式。目前滴灌在我国北方干旱缺水地区广泛应用，尤其在西北内陆、华北和东北西部应用普遍，和我国盐碱耕地分布区域高度重叠，这容易让人产生误解，以为滴灌导致土壤盐碱化。

　　事实上，以上区域土壤盐碱化并不是滴灌造成的，滴灌恰恰减缓了耕地盐碱化的进程。一是耕地盐碱化是干旱地区水盐运动规律导致的必然现象。盐碱耕地通常地势低平，地下水位较高，蒸发量远大于降水量，土壤和地下水中的可溶性盐分容易沿土壤毛细管上升到地表聚积。因此，滴灌和土壤盐碱化之间没有因果关系。在这种特殊的环境条件下，不论是滴灌还是传统的地面灌溉，都会出现盐碱化问题。二是滴灌减缓了干旱地区耕地盐碱化发展趋势。干旱地区耕地采用滴灌技术，尤其是膜下滴灌和浅埋滴灌，既减少了由灌溉带入的盐分，又减少地表蒸发，减缓深层盐分向上运移，在耕层和地表集聚。三是无论何种灌溉方式洗盐排盐必不可少。据新疆绿洲灌区研究，无论滴灌还是其他灌溉方式，如果没有定期进行洗盐排盐，土壤都会呈积盐趋势。应根据气候条件、土壤盐碱化程度、地下水水位及种植作物等分类施策，采取定期灌水压盐洗盐、暗管排盐、降低地下水位等措施，将盐碱排出耕地，减缓土壤盐分积累。

86 QUESTION 高效节水可采取哪些措施？

高效节水主要采取 4 项措施：一是工程节水。主要包括集蓄水工程、管道输水、渠系配套及防渗、灌排分开等。二是灌溉节水。主要包括滴灌、渗灌、微喷、小管出流、膜下滴灌、喷灌、水平畦田灌溉、波涌灌溉、垄膜沟灌、膜上灌、膜侧灌等。三是农艺与生物节水。主要包括水肥一体化、灌溉施肥、抗旱坐水种、抗旱节水品种等。四是管理节水。主要包括因水种植、测墒节灌、优化灌溉制度、浅湿控制灌溉、隔行交替灌溉、自动灌溉、微咸水和再生水利用等。

87 QUESTION 未来高效节水应在哪些方面发力？

　　未来高效节水应在 4 个方面发力：一是技术创新。未来的节水灌溉系统将更加智能化、自动化和高效化，物联网、云计算和人工智能等新技术将得到广泛应用。二是精细管理。未来的节水灌溉将更加注重精细化管理，通过对灌溉过程的全面监控和数据分析，实现科学合理的灌溉。此外，通过智能化的管理平台，可以实现灌溉的远程控制和自动化操作，提升管理效率和节水效果。三是综合应用。未来的节水技术将更加注重综合化应用，将节水灌溉技术与土壤改良、科学施肥、生物技术等其他农业措施相结合，形成一套完整的农业节水技术体系。四是技术普及。未来的高效节水将更加注重培训与教育，加强对农民及相关从业人员的技能培训和知识普及，加快高效节水技术的广泛应用。

第六章

节 水 专 题

第一节　水肥一体化

QUESTION
88 什么是水肥一体化？

　　水肥一体化可以从狭义和广义两个方面理解。狭义的水肥一体化是指灌溉施肥，即将肥料溶解在水中，借助管道灌溉系统，灌溉与施肥同时进行，适时适量地满足作物对水分和养分的需求，实现水肥一体化管理和高效利用；广义的水肥一体化是指根据作物需求，对农田水分和养分进行综合调控和一体化管理，以水促肥、以肥调水，实现水肥耦合，全面提升农田水肥利用效率。我们通常说的水肥一体化是指狭义的概念。

　　水肥一体化集测墒灌溉、科学施肥、高效节水灌溉和水溶肥等技术措施于一体，通过以水促肥、以肥调水，实

现"1+1＞2"的效果，大幅提高水肥利用效率；实现了
渠道输水向管道输水转变、浇地向浇庄稼转变、土壤施肥
向作物施肥转变、水肥分开向水肥一体转变等四大转变，
节水、节肥、省工、省力、增产、增收效果十分突出。

QUESTION
89 老百姓为什么喜欢水肥一体化？

相比传统地面灌溉和土施肥料，水肥一体化优势非常
明显：一是提高水肥利用效率。传统土施肥料，氮肥常因
淋溶、反硝化等而损失，磷肥和中微量元素容易被土壤固
定。在水肥一体化模式下，肥料溶于水通过管道以微灌的
形式直接输送到作物根部，既能节水 40％以上，又能大
幅减少肥料淋失和固定，磷肥利用率可提高到 40％～
50％，氮肥、钾肥利用率可提高到 60％以上。二是节省
劳动力。在传统农业生产中，水肥管理需要耗费大量的人
工。以南方一个 80 亩的砂糖橘园为例，常规浇水施肥每
次需要 8 个人 6 天才能干完，总共用工 48 个，采用水肥
一体化技术后，总用工 4 个，不到原来的 1/10。三是提
高土地利用率。沙地、河滩地、坡薄地、滨海盐土、盐
碱土甚至沙漠等传统种植模式难以利用的土地，只要应
用水肥一体化技术解决水肥问题，就能成为高产高效的
好地。四是大幅提高作物产量。水肥一体化精准调控、

及时响应作物需求，强化水肥供应支撑高密度种植，有效解决中后期易脱肥问题，小麦、玉米、马铃薯等作物可大幅提高单产 20%～50%，提高蔬菜和水果的品质。五是有利于保护环境。水肥一体化技术可降低设施土壤和空气湿度，有效减轻病虫害发生，减少农药用量；水肥控制在根层，避免深层渗漏，减轻对环境的负面影响，既生态又环保。

QUESTION

90 水肥一体化成本高不高？

水肥一体化技术最早主要用于高附加值的经济作物上，一次性投资较高，曾经被认为是"贵族"技术。随着我国微灌设备研发和微灌用水溶肥料的开发，基本实现了水肥一体化相关设施、设备和产品的国产化，大幅降低了投入成本。设施设备投入已从每亩 2 000～3 000元大幅降低到每亩 800～1 000 元，粮食作物滴灌带每年更换成本 100～150 元。高效水溶肥料价格从每吨 2 万多元降低到每吨 6 000～8 000 元。水肥一体化开始由高端"贵族"技术向普遍应用发展，从设施农业走向大田应用，由棉花、果树、蔬菜等经济作物扩展到小麦、玉米、马铃薯、大豆等粮食作物，成为大田农业的引领技术。

91 膜下滴灌水肥一体化如何改变我国棉花产业？

　　历史上中国棉花生产重心一直在黄河流域和长江流域。1990 年，长江、黄河流域棉花种植面积约占全国的91％，新疆仅占 8％。1996 年膜下滴灌技术发明并逐步推广，新疆棉花种植面积快速增长，到 2005 年，新疆棉花种植面积占比上升到 27.2％。2023 年新疆棉花种植面积约 3 700 万亩，棉花产量 511.2 万吨，占全国总量的90.2％，占全球总量的 21％。

　　30 余年沧海桑田般的变化，这背后是很多原因共同作用的结果，其中膜下滴灌水肥一体化技术厥功至伟。这项技术推动中国棉花产业整体性地从内地转移到新疆，深刻改变了我国棉花产业的格局。一是扩大了新疆棉花种植面积。新疆水少地多，农业发展的最大限制因素是水。在新疆，常规地面灌溉，棉花每亩需灌溉 1 000～1 500 米³，采用膜下滴灌每亩灌水量下降到 300 多米³，同样水量可以灌溉更多耕地。1996 年新疆棉花种植面积仅 1 200 万亩，到今天扩大了 3 倍有余，这背后是膜下滴灌技术的关键支撑。二是大幅度提高了新疆棉花单产。新疆干旱缺水、光照强烈、积温不足、盐碱严重，不适合传统地面灌溉农业发展。膜下滴灌水肥一体化技术的应用使新疆棉花种植在灌溉、保墒、供水、增温、抑盐等方面补上了短板，以前的恶劣气候反而变成了优势条件，如干燥少病害，光照强烈利于光合作用和干物质积累，特别是水肥一体化为单产提升提供了物质基础，推动新疆棉花皮棉亩产水平由 1996 年前的 50 多千克提高到当前的 144 千克。三是为内地粮食生产腾出了种植空间。2023 年新疆棉花播种面积占全国 85%，产量占全国 91%，远超其余棉区产量总和。水肥一体化支撑我国棉花整体性地向新疆转移，传统黄河流域和长江流域棉区可以腾出大量耕地用以生产小麦、玉米、花生和蔬菜，为支撑我国粮食安全、服务稳产保供作出重要贡献。

92 QUESTION
应用水肥一体化，如何制定灌溉施肥制度？

制定作物水肥一体化模式下的灌溉施肥制度，需综合考虑多方面因素，满足作物不同生育期的水分和养分需求，提高作物产量和品质。一是灌溉制度的制定。根据作物不同生育期需水特性和当地降水、土壤墒情和灌水条件等因素制定，内容主要包括灌水次数、灌水时间、灌水定额（单次亩灌水量）和灌溉定额（作物生育期灌水定额之和）。二是施肥制度的制定。坚持"有机无机结合，氮、磷、钾及中、微量元素配合"的原则，综合考虑作物目标产量、土壤养分状况、肥料利用率等确定总施肥量。按照

表2　春玉米和冬小麦滴灌施肥制度（示例）

作物	目标产量/（千克/亩）	生育期		施肥制度			灌溉制度	
				N/（千克/亩）	P₂O₅/（千克/亩）	K₂O/（千克/亩）	灌水量/[米³/（亩·次）]	灌水次数/次
春玉米（西北、东北等半干旱干旱区）	≥1 000	种肥	播种	4.0~6.0	5.0~6.0	2.5~3.5	15~30	1
		追肥	出苗至拔节	3.5~4.5	1.0~2.0	1.0~1.5	25~30	1~2
			拔节至抽穗	3.0~4.0	1.0~2.0	1.0~1.5	25~35	2~3
			抽穗至成熟	3.0~4.0	0	1.0~1.5	10~35	3~5
		每亩总量		13.0~18.0	7.0~10.0	5.0~8.0	180~350	7~11
冬小麦（华北、黄淮区）	≥600	种肥	播种	4.0~6.0	6.0~8.0	3.0~5.0	15~40	1
		追肥	起身至拔节	2.5~3.5	1.0~2.0	1.0~2.0	15~30	1
			拔节至孕穗	2.0~3.0	0	1.0~2.0	10~30	1~2
			孕穗至成熟	1.0~2.0	0	0	10~25	1~2
		每亩总量		12.0~16.0	8.0~10.0	5.0~7.0	90~150	4~6

注：1. 根据灌溉制度，可适当增加追肥次数和施肥数量，实现少量多次，提高养分利用率。
　　2. 当作物需施肥但不需要灌溉时，增加灌水次数，灌水时间和作物长势等实际状况，及时对灌溉施肥制度进行调整。
　　3. 根据天气变化、土壤墒情、作物长势等实际状况，及时对灌溉施肥制度进行调整。
　　4. 定期检查，及时维修系统设备，防止漏水使作物灌溉施肥不均匀。
　　5. 小麦播种时如墒情适宜，出苗好，第一次灌水可延后至11月中下旬浇冻水。

作物养分吸收规律确定施肥次数和每次施肥量。施肥制度应与灌溉制度相结合，形成水肥一体管理模式。三是灌溉和施肥制度的拟合。按照肥随水走、少量多次、分阶段拟合的原则制定灌溉施肥制度，包括基肥追肥比例，作物不同生育期的灌溉施肥次数、时间、灌水定额、施肥量等，满足作物不同生育期水分和养分需要。

以西北东北干旱半干旱区春玉米、华北黄淮小麦滴灌水肥一体化技术为例，具体的灌溉施肥制度如表2所示。

QUESTION 93 为什么说水肥一体化是玉米提单产的关键措施？

玉米产量主要取决于有效穗数、穗粒数和粒重三因素，提单产必须从以上三个指标入手，水肥一体化对增加有效穗数、提高穗粒数和粒重都有显著效果，还能防旱减灾降低产量损失。一是支撑高密度种植增穗数。增加作物密度是提高作物单产的重要途径。水肥一体化通过滴水出苗，可解决传统灌溉和施肥方式存在的前期水肥供应不均匀、出苗不匀不齐问题，苗齐苗壮构建高密度群体，提高群体有效穗数。二是提高穗粒数和粒重。增密后玉米群体对水肥要求更高，群体过密极易出现空秆、倒伏、大小穗、秃尖等问题，通过水肥一体化技术可实现水肥精准调控，解决玉米中后期追肥困难容易脱肥，导致个体不强、难以形成大穗强穗、粒重不高的问题。三是防旱减灾降低产量损失。北方玉米生育期易遭受高温热害，导致土壤墒情不足，造成玉米减产。通过水肥一体化技术可用少量的水及时补充灌溉，改善土壤墒情，解决出苗"卡脖旱"、中后期干旱等难题，降低旱灾影响，减少产量损失。

94 多雨的南方有推广水肥一体化的必要吗？

南方推广水肥一体化十分必要，主要体现在以下 3 个方面：一是节省劳动力。当前适度规模经营是适合我国国情的农业经营组织方式，尤其是南方地区，人工成本高，应用水肥一体化技术，可实现规模化、智能化、标准化生产，极大节省灌溉施肥人工成本，省时省力。二是应对季节性干旱。南方总体降雨量多，但时空分布不均匀，丘陵山地易出现季节性干旱，对农作物生产造成严重损失。推广水肥一体化技术，可在干旱时及时供上"应急救命水"和"科学营养肥"，满足作物正常需求，减轻旱灾损失。三是提升农产品品质。肥料中的营养元素需溶解到水中才能被作物吸收，在作物需肥关键期通过水肥一体化技术少量滴水，以水带肥，利于作物根系对肥料养分的充分吸收，实现养分精准供应，提高农产品品质与产量，进而提高农产品种植收益。

第二节　地膜覆盖

QUESTION
95　地膜的"功与过"有哪些？

地膜是重要的农业生产资料，传统的地膜多为透明或黑色 PE 薄膜。地膜覆盖是指用地膜对地表进行覆盖，实现集雨、保墒、增温、抑制杂草等综合作用的节水农业技术模式。薄薄的一层膜，对我国农业的贡献却不容小觑。一是扩大了农业耕种面积。地膜增温御寒功能使得玉米种植范围扩大，如甘肃通过推广全膜双垄沟播技术，使玉米种植海拔上限从 1 800 米增加至 2 300 米；地膜覆盖的集雨保墒功能，使得种植业大规模突破 400 毫米降水量的胡焕庸线，向北推进至 300 毫米降水量区域。地膜覆盖一项技术，支撑旱作区玉米播种面积扩大了 1 亿亩以上。二是实现了产能的提升。据研究表明，地膜覆盖技术能够大幅度提高农作物产量，一般作物增产率在 20％～30％，对保障国家粮食安全作出重要贡献。三是提高了效率效益。地膜覆盖使作物水分利用率提高了 30％左右，还因抑制杂草减少了除草剂的使用。根据初步估算，我国地膜覆盖技术使农作物增产所带来的直接经济效益在 1 200 亿～

1 400 亿元/年。所以，地膜对我国农业生产和农产品安全供给的贡献应该得到充分肯定。

从实际生产看，地膜覆盖为我国粮棉作物及果蔬增产增收作出了重要贡献，完全不用地膜并不现实。但大量应用地膜也带来了残膜污染问题。PE 薄膜的主要成分是线性低密度聚乙烯或低密度聚乙烯，在自然条件下不易分解，残留的地膜破坏土壤结构，土壤通透性和孔隙度下降，影响水肥运移和作物生长发育。残膜还因裸露在地表，被风吹至田间、树梢、房前屋后，造成"视觉污染"。调查结果表明，全国主要覆膜地区土壤中地膜平均残留量在 4.8～17.3 千克/亩，其中新疆最高达 24.4 千克/亩。

QUESTION
96
治理农田"白色污染"有哪些办法？

治理农田"白色污染"问题，需从前端应用和后端回收两方面发力。一是替代。在适宜区域，推广浅埋滴灌、秸秆覆盖、保水剂、全生物降解地膜等技术或产品可以在一定程度上替代地膜，实现地膜同等效果，减少对环境的负面影响。二是减量。推进半膜覆盖替代全膜覆盖，降低地膜覆盖依赖度，减少地膜用量。加强倒茬轮作制度探索，通过粮棉、菜棉等轮作，减少地膜覆盖。推进地膜科学使用、合理养护，应用加厚强化地膜代替普通地膜，减轻破损，提高回收率，推广一膜多用技术。三是回收。科学使用国标地膜、加厚高强度地膜，适时组织人工捡拾、收集，健全废旧地膜回收和资源化利用体系，鼓励以旧换新等，提高农户回收地膜积极性。

QUESTION

97 回收利用和减量替代哪个是治理农田"白色污染"的发展方向？

废旧地膜回收利用是当前打好农业面源污染防治攻坚战、推动农业绿色发展的重要举措，但地膜回收利用仍存在难点堵点。一方面是回收手段落后，捡拾成本高。不少地区农膜机械化捡拾水平较低，地膜回收缺乏配套技术和机械，普通农户只能靠人工捡拾，1个农户每天最多捡拾半亩地里的残膜，效率低、成本高，农户清除残膜随机性强、积极性不高。另一方面是回收质量不高，再利用难度大。残膜碎片体积小，回收时与作物秸秆根茬、杂草、泥土混在一起，西北某高校研究表明，回收物中残膜量实际还不到10%，绝大部分都是作物秸秆和泥土。回收残膜清洗、处理、加工、利用等链条太长、难度很大，清洗残膜比较耗水，且易造成二次污染。

减量替代是在适宜区域作物上，通过选择其他和普通地膜具有同等保温、保墒、抑草效果的技术或产品，从源头减少地膜的使用。尤其是应用全生物降解地膜替代普通

PE 地膜，从源头杜绝 PE 地膜输入，降低应用成本，无须回收处理，是解决部分地区白色污染的终极方案。

98 QUESTION 全生物降解地膜是用生物基材料做的吗？

全生物降解地膜是以全生物降解材料为主要原料制备的，用于农田土壤表面覆盖，具有增温保墒、抑制杂草等作用并能生物降解的薄膜。全生物降解地膜在自然界中能够通过微生物作用"完全生物降解"，降解最终产物为二氧化碳、水及其所含元素的矿化无机盐，对环境和土壤无污染。

判断全生物降解地膜的依据，重点是看能否被自然界微生物完全降解。全生物降解地膜的生产原料，有天然的生物基材料，也有石油基的原材料。生物基可降解材料如淀粉、纤维素、甲壳素，以及由淀粉原料制成的聚乳酸（PLA）产品等；石油基生物降解塑料包括聚丁二酸丁二醇酯（PBS）、聚己内酯（PCL）、聚对苯二甲酸-己二酸丁二醇酯（PBAT）等。这些新型材料都能被自然界存在的微生物完全降解，最终降解产物为二氧化碳和水。

99 QUESTION 为什么老百姓愿意选择应用全生物降解地膜？

随着生物降解材料、地膜加工工艺等不断进步，当前生物降解地膜在保墒、保温、防杂草以及宜机性等方面，基本能满足主要区域和重点作物（棉花除外）种植需求。同时，生物降解地膜价格逐渐降低，应用技术日趋成熟，有望替代传统 PE 地膜，成为解决"白色污染"的终极方案。

种植户选择应用全生物降解地膜，主要有以下 4 点优势：一是完全降解不回收。全生物降解地膜在土壤微生物作用下可实现完全降解，不会带来残膜污染。作物收获后无须人工回收，缩短了整地时间，有利于作物转茬。同时，也避免残膜再处理难题。二是政策支持有补贴。2021年中央 1 号文件明确指出要加强可降解农膜研发推广，农业农村部实施地膜科学使用回收试点项目，对全生物降解地膜推广应用给予适当补贴。三是技术成熟不减产。通过开展多年试验示范，生物降解地膜应用技术模式逐渐成熟，基本确保不减产。《科学安全应用全生物降解地膜的技术指导意见》和水稻、玉米、马铃薯等主要适宜作物应用生物降解地膜的技术规范相继出台，生产应用更规范。四是绿色生产走高端。黑龙江、安徽、上海等地在水稻种植上覆盖生物降解膜，可抑制杂草，不用打除草剂，农药用量大幅减少。在此基础上发展有机水稻种植，生产高端有机大米，农户积极性很高。

第三节　墒情监测与抗旱减灾

100 什么是土壤墒情？

　　土壤墒情是指土壤水分对作物播种与不同生育期作物水分需求的满足程度。土壤墒情十分重要，不仅是科学灌溉和预测旱涝灾害的重要依据，还与苗情、病虫情等息息相关。一是影响播种出苗和苗情好坏。墒情适宜才能正常播种并顺利发芽，墒情一致出苗才能均匀，墒情好才有利于培育壮苗。二是影响病虫害的发生发展。农谚有云，"旱生虫涝生病"。墒情不足土壤干旱，麦田易生红蜘蛛，旱年易暴发蝗灾；墒情过多土壤湿涝，易发生根腐病、青枯病、枯萎病等病害。三是科学灌溉的重要依据。通过土壤墒情监测，才能科学确定什么时候需要灌溉，每次灌水量和灌溉时间。四是预测旱涝灾情的重要依据。土壤墒情持续偏少则易旱，持续偏多则易涝。由此可以看出，土壤墒情是基础，直接影响和决定着苗情、农田病虫害发生情况以及灾情。

101 为什么要开展土壤墒情监测？

土壤墒情监测是指长期对不同层次土壤含水量进行测定，调查作物长势长相，掌握土壤水分动态变化规律，评价土壤水分状况，为科学指导农业生产提供依据，是农业生产中不可缺少的基础性、公益性、长期性工作。主要体现在4个方面：一是农业抗旱减灾离不了。开展墒情监测，及时了解和掌握农田土壤干旱和作物缺水状况，采取相应对策，可缓解和减轻旱灾威胁，提高农业生产的稳定性。二是作物播种离不了。在春播期，加密墒情监测频次，及时了解播种期土壤墒情状况，可指导适墒播种、抢墒播种、造墒播种，尤其在北方旱作区，近几年春季加密监测有效扩大了玉米适墒播种面积，有力支撑了粮食丰收。三是科学灌溉离不了。灌溉是解决干旱问题最有效的措施，但是灌水次数和灌水量并不是越多越好，通过土壤墒情监测，结合作物不同生育期需水规律，在有灌溉保证的条件下，指导精准灌溉，满足作物生长需要，可确保稳产高产。四是科学施肥离不了。肥料中的营养元素只有溶解于水中才能够被作物根系吸收。旱地作物在需肥关键期需要趁墒施肥、抢墒施肥，水浇地可随水施肥。水肥一体化条件下则可以做到全生育期墒情适宜、水肥调控精准，促进作物稳产高产。

QUESTION
102 如何研判农业干旱？

农业干旱是指由于长时间降水偏少、空气干燥、土壤缺水，造成作物体内水分失去平衡而发生水分亏缺，影响作物正常生长发育，进而导致减产甚至绝收的一种农业灾害。农田土壤水分丰缺及对作物的影响是研判农业干旱发生与否最直观的指标。农业干旱的发生除了受降水、气温等气象因素影响外，还主要受灌溉、覆盖保墒等节水农业措施影响。当发生气象干旱时，假如能及时为农作物提供灌溉，或采取其他农业措施保持土壤水分，满足作物需要，则不会形成农业干旱。

QUESTION
103 为什么说土壤田间持水量是节水农业的关键参数？

土壤田间持水量是土壤所能稳定保持的最高土壤含水量，通常指在充分灌水或降水后，经过一定时间充分下渗，土壤土体所能维持的稳定的土壤水含量。田间持水量是大多数植物可利用的土壤水上限，也是土壤墒情等级评价、科学灌溉决策中重要的基础参数。在农田灌溉中，通常将土壤田间持水量作为灌溉上限，将土壤田间持水量的70%作为灌溉下限，制定灌溉方案。

QUESTION
104 一亩地能存多少有效水？

人们通常所说的一亩地能存多少水，指的是大多数植物可利用的土壤有效水。田间持水量与土壤凋萎含水量之间的差值即土壤有效水最大含量，这是判断抗旱能力的重要指标，与土壤质地关系密切。

按照 20 厘米耕层计算，土壤每亩有效水最大含量，通常是沙土约 20 米^3、壤土约 28 米^3、黏土约 24 米^3。由此可见，在相同条件下，沙土的有效水最大含量最小，抗旱能力最差；黏土的田间持水量虽高，但土壤凋萎含水量也高，所以其有效水最大含量介于沙土和壤土之间；壤土的土壤有效水最大含量最高，抗旱能力最强。

QUESTION
105 如何判断农田土壤墒情是否适合播种？

水分对种子发芽十分重要，如玉米种子要吸收达到自身重量 45％～50％ 的水分时才能正常发芽。当土壤墒情在适宜范围时，作物出苗快、出苗率高。土壤过干，种子吸水不足，土壤湿度过大、氧气不足，均影响种子发芽出苗。在作物播种期，可采用土壤墒情自动监测仪器或传统采样烘干法测定土壤含水量，计算土壤相对含水量，对照具体作物的墒情评价指标体系来判断土壤墒情是否适宜播种。以夏玉米为例，在播种期，当土壤相对含水量为75％～85％时适宜播种出苗。在田间没有监测设备的情况下，也可采用简单的"手捏法"进行土壤墒情判断，即把播种位置的土壤用手抓起来能攥成团，若松手后用手拨能散开，这样的土壤湿度基本能满足播种出苗需求。如果不能成团则说明墒情不足，需要补墒；如果松手后用手拨不能散开，说明墒情过多，需要散墒。

106 QUESTION 干旱时，应该是造墒播种还是播后再浇蒙头水？

这个问题应视灌溉方法、作物种类和茬口时间等综合研判。地面灌溉在灌后通常地表会形成结皮，叠加气温高蒸发快，严重的土壤易板结形成较硬的表层土壳，对种子胚芽破土形成障碍。大豆、花生是双子叶植物，子叶出土、破土能力弱，如果采用播后浇蒙头水，胚芽鞘往往不能冲破灌溉后形成的结皮，导致出苗困难、出苗率低，故大豆、花生通常先造墒后播种。造墒时，应结合墒情状况合理确定灌水量，避免因灌水量过大造成土壤过湿，影响作物适期播种。小麦、玉米是单子叶植物，子叶留土，胚芽鞘破土能力强，能够破开结皮顺利出土，所以造墒播种和播后浇蒙头水均可。在生产实践中，华北黄淮地区夏收夏播茬口紧张，夏玉米宜及早播种，优先推荐先播种再浇蒙头水。如果先造墒后播种，造墒灌溉后需要晾晒几天，容易耽误农时。蒙头水应小水快灌，每亩灌 $30\sim40$ 米^3，避免过量灌溉造成地面积水或土壤含水量过高，高温天气下种子缺氧腐烂。冬小麦播种时，茬口相对宽松，通常墒情不足的地块宜先造墒后播种；墒情适宜的地块宜先播种再浇蒙头水；墒情过多的地块宜直接播种，待到土壤封冻前再浇越冬水。

107 QUESTION
喷滴灌条件下，应该先造墒还是先播种？

在喷滴灌条件下，灌溉水量小，以浸润灌溉为主，基本上不会形成表层结皮，对种子破土出苗基本没有影响。故喷滴灌条件下，一般建议灌出苗水，即通常所说的干播湿出、滴水出苗。喷滴灌设施可以是滴灌带、微喷带、卷盘式喷灌机、大型喷灌机、地埋伸缩喷灌设备等。该方式优点：一是争抢农时，上茬小麦收获后马上就可以播种夏玉米。二是需水量少，只需湿润播种带 $0\sim20$ 厘米土壤，每亩灌 $20\sim25$ 米^3，较大水漫灌节水 60% 以上，用节省的水灌溉更多的受旱耕地。三是出苗率高，通过喷滴灌可实现干播湿出、滴水出苗、一播全苗，播种出苗质量高。四是适水增密，通过喷滴灌以水带肥、肥随水走，精准供应水分养分，支撑增密种植，为单产提升奠定基础。

108 QUESTION
高温天气下播种后会不会造成玉米种子烫伤？

　　高温天气条件下夏玉米种子不会因高温失活。一要从玉米种子加工过程看。玉米籽粒收获后首先要经过烘干，带穗烘干的温度一般为 40～43℃，脱粒后种子烘干温度一般为 38～40℃，烘干持续 90 个小时左右。如果说 35℃以上的温度就能将玉米种子"烫伤"或"烫死"的话，那么我们从市场上购买的玉米种子早已失去了活力，不能再被用作种子。二要从气温与土壤温度的关系看。一般而言，土壤表面温度要低于大气温度。夏玉米播种的适宜深度为 3～5 厘米，据科学观测，当日均气温达到 35℃时，5 厘米地温大约为 32℃，且秸秆覆盖会明显降低土壤温度。因此，35℃以上的高温天气不会造成所谓的种子"烫伤"现象。此外，在气温较高的季节浇水还会使土壤温度降低，5 厘米深度地温比不浇水的低 3～5℃。

109 QUESTION
面对严重旱情，除灌水外还应有哪些注意事项？

　　在积极灌水抗旱的基础上，为保障作物正常生长发育，需关注以下几点：一是坚持科学用水。一般农业干旱影响面广、持续时间长，即使水资源充沛、喷滴灌设施便利区域，仍须科学用水、计划用水，切勿过量灌水，灌溉时要精量用水、做到地面无积水，摸清"水账"家底、精准掌握储水用水情况，做好抗长旱、抗大旱准备。二是谨防旱涝急转。久旱地区突发高强度降雨很可能会旱涝急转，进而引发洪涝灾害，要密切关注天气形势、及时预警，统筹做好旱涝灾害防御工作；提前检修水泵、疏通好排灌沟渠，确保雨后能迅速排掉田间渍水，预防发生渍涝，防止田间积水。三是做好病虫草害预防。俗话讲"旱生虫、涝生病"，高温干旱利于蚜虫、黏虫、蓟马等害虫的繁殖和发生发展，尤其麦玉轮作地块小麦秸秆未离田、秸秆过多，是二点委夜蛾和玉米蓟马严重发生的因素之一，要随时做好田间观察，选用适宜药剂喷施防控各种病虫草害。